Julius Jacobson

Beziehungen der Veränderungen und Krankheiten des Sehorgans

zu Allgemeinleiden und Organerkrankungen

Julius Jacobson

Beziehungen der Veränderungen und Krankheiten des Sehorgans
zu *Allgemeinleiden und Organerkrankungen*

ISBN/EAN: 9783743317574

Hergestellt in Europa, USA, Kanada, Australien, Japan

Cover: Foto ©berggeist007 / pixelio.de

Manufactured and distributed by brebook publishing software (www.brebook.com)

Julius Jacobson

Beziehungen der Veränderungen und Krankheiten des Sehorgans

Beziehungen

der

Veränderungen und Krankheiten

des

Sehorgans

zu

Allgemeinleiden und Organerkrankungen.

Von

Prof. J. Jacobson
in Königsberg i. Pr.

LEIPZIG
VERLAG VON WILHELM ENGELMANN
1885.

SEINEM LIEBEN COLLEGEN

HERRN PROF. DR. MED. NAUNYN
DIRECTOR DER MEDICINISCHEN UNIVERSITÄTS-KLINIK

FREUNDSCHAFTLICH GEWIDMET

VOM

VERFASSER.

Vorwort.

Die Klage, dass der Ophthalmologie seit v. Graefe der Zusammenhang mit der allgemeinen Medicin verloren zu gehen drohe, ist schon von Foerster in dem Vorworte zu seiner bekannten Abhandlung*) abgewiesen worden. Nach wie vor unbegründet taucht sie immer von Neuem auf, ohne durch die Wiederholung an Gewicht zu gewinnen, und doch bedarf es nur eines flüchtigen Blickes in unsere älteren Lehrbücher, um einzusehen, wie viel Dank wir v. Graefe, seinen unmittelbaren Vorgängern und Zeitgenossen dafür schulden, dass sie die klinischen Symptom-Complexe von den scrophulösen, rheumatischen, hämorrhoidalen Zwangsjacken, in die man sie willkürlichen Hypothesen zu Liebe eingezwängt hatte, befreit und aus den an den einzelnen Theilen des Auges vorurtheilsfrei beobachteten Krankheitserscheinungen eine sichere Basis für den allmählichen Aufbau einer rationellen Ophthalmologie geschaffen haben.

Wer — nicht zufrieden, das blosse Zusammentreffen allgemeiner Leiden mit Augenkrankheiten einfach zu constatiren, — ihren Zusammenhang begreifen will, muss damit anfangen, sich über die pathologischen Zustände des Sehorganes ihrem Wesen nach klar zu werden. Nach dieser Richtung haben v. Graefe's Arbeiten fördernd, oft Bahn brechend gewirkt. Dass er sich, wie es bei seinem universellen medicinischen Wissen und bei der Weite seines Horizontes nicht anders zu erwarten war, von specialistischer Einseitigkeit fern gehalten hat, dafür zeugen in all seinen Schriften zahlreiche, vom Specialfache zur allgemeinen Medicin überleitende Bemerkungen.

Aber selbst wenn er und seine Zeitgenossen, um für spätere Untersuchungen feste, Erfolg versprechende Ausgangspunkte zu gewinnen, all ihre Arbeitskraft nur dem Verständniss der localen Krankheitserschei-

---

*) Handbuch der gesammten Augenheilkunde, redigirt von Graefe und Saemisch.

nungen zugewandt, wenn sie nur nach dem Wesen und nicht nach den Ursachen geforscht hätten, es träfe sie kein Vorwurf; denn alt hergebrachten irrthümlichen Speculationen ein Ende zu machen, neue Thatsachen anstatt ihrer sprechen zu lassen, wäre immer verdienstvoll genug gewesen. An Gelegenheit dazu fehlte es nicht. —

Dass die Ophthalmologie sich nicht einseitig nach dieser Richtung entwickelte, hatte gute Gründe. Die unvermeidliche Berührung theoretischer und practischer Interessen in den Kliniken brachte es mit sich, dass man den Blick nicht ausschliesslich nach einer Seite wenden konnte, der unmittelbare Heilzweck nöthigte zur Umschau nach allen Regionen, von denen aus seine Erfüllung möglich schien. So wurde man auch zu ätiologischen Studien gedrängt, und, selbst wo die Verbindungen für ein Verständnis des ätiologischen Zusammenhanges noch nicht gegeben waren, genöthigt, aus häufigem Zusammentreffen gewisser Symptom-Complexe auf ihr gegenseitiges Bedingtsein cum grano salis zu schliessen und mit Möglichkeiten einer Erklärung vorlieb zu nehmen, wo zwingende Gründe fehlten.

Wenn wir auf diesem Wege zu den scheinbar wissenschaftlichen, in Wirklichkeit aber jeder wissenschaftlichen Grundlage baaren Spielereien Jungken's und seiner Anhänger weder gekommen sind, noch voraussichtlich kommen werden, so verdanken wir dieses nicht zum geringsten Theile der gesunden Richtung, die v. Graefe unserer Arbeitsmethode gegeben. Durch die gesammte neuere Literatur macht sich ein Bestreben, die Grenzen des positiv Sicheren zu erweitern, geltend, welchem gegenüber vereinzelte Klagerufe über den Mangel wissenschaftlichen Geistes bei den bösen Professoren und Specialisten, die noch immer nicht für jedes Localleiden eine allgemeine Ursache auftischen wollen, verstummen sollten.

Wir wollen es den Practikern par excellence und denen, die sich dafür halten, nicht verübeln, wenn sie aus der Gleichzeitigkeit mancher Erscheinungen zu früh auf ätiologische Beziehungen schliessen, wir wollen ihnen die Freude über ihre „rationelle Therapie auf ätiologischer Basis", an der die vis medicatrix naturae ihren guten Antheil hat, nicht verderben, aber sie dürfen uns nicht schelten, wenn wir ihre kühnen Combinationen anzuzweifeln und unser Urtheil von etwas Anderem abhängig machen, als von dem Grade der Sanguinik, den jeder von ihnen in die Untersuchung hineinträgt. Namentlich den viel geschmähten Professoren, die nie vergessen dürfen, dass keine neue Wahrheit ohne Skepsis gewonnen wird, darf es nicht verübelt werden, wenn sie Anstand nehmen, ihren Schülern das Flittergold bestechender subjectiver Meinungen als baare Münze zu geben.

Noch reicht unsere Einsicht in das Wesen der Augenkrankheiten lange nicht so weit, jedes Krankheitsbild in und aus seinem Zusammenhange mit dem ganzen Organismus zu verstehen, Nichts wäre deshalb für den Unterricht verderblicher, als durch den glänzenden Schein eines auf Actiologie basirten Systems die jungen Ophthalmologen zu unreifen Speculationen, für welche Gegenwart und Zukunft noch erst die Vorarbeiten zu liefern haben, zu verleiten.

Die Wichtigkeit allgemein pathologischer und ätiologischer Betrachtungen voll würdigend, hat man diese grade, wie die Lections-Cataloge deutscher Universitäten zeigen, zum Thema besonderer Vorlesungen gemacht, ist aber vorsichtig bemüht gewesen, das kleine, für die Wissenschaft eroberte Gebiet des Bewiesenen von dem grossen, weiterer Forschung Werthen und Bedürftigen, auf welchem man bisher nicht über Vermuthungen hinausgekommen ist, streng kritisch zu trennen.

Die Anregung zu diesen Vorlesungen verdanken wir, sofern ich nicht irre, Foerster. Ich glaube kaum zu weit zu gehen, wenn ich behaupte, dass bis zu dem Erscheinen seiner oben citirten Abhandlung Nichts in unserer gesammten Literatur zu' finden ist, was die Aufgabe in solcher Vollständigkeit behandelte, Nichts, was fern jeder dogmatischen Ueberhebung und subjectiven Liebhaberei den Erfahrungen der besten Kliniker so voll Rechnung trüge und zugleich für das umfangreiche Wissen des Autors ein besseres Zeugniss ablegte. Deshalb nehme ich gerade für die mit Unrecht angegriffene neueste Ophthalmologie und speciell für Foerster das Verdienst in Anspruch, zum ersten Male den Zusammenhang zwischen örtlichen und allgemeinen Leiden von phantastischen Speculationen frei, aber um so treuer dem Stande unseres Wissens entsprechend dargestellt zu haben. —

In seinem Vorworte fasst unser Autor kurz zusammen, was wir in seiner Schrift zu suchen haben: 1. eine Ophthalmosemiotik der inneren Krankheiten, 2. eine allgemeine Aetiologie der Augenkrankheiten, so weit diese von inneren Krankheiten abhängig sind.

Beides wird der Leser, der den Inhalt des ganzen Werkes in sich aufgenommen hat, sicher finden. Aber nicht die Mehrzahl der Leser dürfte eine an Studien und Erfahrungen so reiche Abhandlung vollkommen in succum et sanguinem aufnehmen, sie wird manches Kapitel vergebens durchblättern, ehe sie zu einem in der Praxis gegebenen Falle das Allgemeinleiden findet, während ihr die Orientirung über den Einfluss einer Körperkrankheit auf alle Theile und Functionen des Auges ohne Mühe gelingen muss.

Beiden Ansprüchen kann eine Methode der Darstellung nicht gerecht werden. Aus diesem Grunde unternehme ich es schon jetzt, wenige Jahre nachdem Foerster sein Werk der Oeffentlichkeit übergeben hat, dasselbe Thema, vom Auge ausgehend, zu bearbeiten. Ich glaube, dass die beiden Arten der Darstellung sich ergänzen, keine die andere entbehrlich macht.

Inhaltsverzeichniss.

	Seite
Vorwort	V
Einleitung	1
Der Gesichtssinn	2
Die Bewegung	3
Blut- und Lymphbahnen	10
Specieller Theil	12
1. Die Retina	13
Entzündung der Retina	13
2. Nervus opticus	28
3. Amblyopie und Amaurose	43
Augenmuskeln	61
Krankheiten der Orbita	70
4. Krankheiten des Uveal-Tractus	73
Chorioidea	73
Iris	81
5. Refraction und Accomodation	85
6. Die Pupille	92
7. Glaskörper und Linse	104
8. Die Cornea	110
9. Die Krankheiten der Sclera	121
10. Der Thränenapparat und die Conjunctiva	123
11. Die Augenlider	131
12. Schluss	136

Einleitung.

Ueber die Häufigkeit des Zusammentreffens von Augenkrankheiten mit allgemeinen Leiden werden wir volle Rechenschaft nicht eher ablegen können, als bis zu jedem Kranken-Examen eine eingehende Berücksichtigung der Beschaffenheit und Function des wichtigsten Sinnesorganes eben so nothwendig gehören wird, wie die physikalische Untersuchung mit Stethoskop und Plessimeter.

Die letzten Jahre haben uns diesem Ziele näher gebracht. Von inneren Klinikern sind Forschungsgebiete, die bisher der Ophthalmologie ausschliesslich überlassen waren, mit bestem Erfolg cultivirt worden, und ganz besonders sind die Neuropathologen bemüht gewesen, theils selbständig, theils mit Unterstützung von Augenärzten den Augenhintergrund und die Functionen der Nerven für ihre Diagnose zu verwerthen. Konnte doch der unmittelbare Zusammenhang des Auges mit dem Centralorgan durch Blut- und Lymph-Bahnen, durch den N. opticus, oculomotorius, abducens, trochlearis, facialis, trigeminus und sympathicus in seiner practischen Wichtigkeit für die Erkenntniss cerebraler Krankheiten auf die Dauer nicht unterschätzt werden, hatte man doch vielmehr guten Grund zu fragen, wie es möglich war, dass bis vor kurzem von Seiten der inneren Klinik der Pathologie des Auges so wenig Aufmerksamkeit geschenkt wurde!

Die Antwort liegt nahe genug: die Functionen des Sehorganes verstand man nicht zu untersuchen, ins Innere konnte man nicht hineinsehen, Gelegenheit zu Sectionen gab es selten, und wenn sich eine bot, fehlte es an Vorarbeiten für die schwierige Untersuchung der feineren pathologisch-anatomischen Veränderungen.

Dank gemeinschaftlichen Arbeiten, an denen die Ophthalmologen keinen geringen Antheil haben, sind diese Schwierigkeiten bis auf den Sectionsmangel überwunden, die Möglichkeit für eine wissenschaftliche Bearbeitung des umfangreichen klinischen Materials nach allen Richtungen ist gegeben, die Art der jedesmaligen Fragestellung wird darüber entscheiden, welchem Specialfache die Aufgabe der Beantwortung zufällt. Dass bei den Beziehungen der Augenleiden zu cerebralen Krankheiten die

Neuropathologen vorzugsweise interessirt sein müssen, bedarf keiner weiteren Erörterung. Mit der grossen Bedeutung unserer Symptomenlehre für die Neuropathologie und damit für die gesammte Medicin glaube ich es rechtfertigen zu können, dass ich den speciellen Theil dieser Schrift mit einer gedrängten Uebersicht über einige anatomische und klinische Beziehungen zwischen Gehirn und Auge, die namentlich das Verständniss der Gesichts- und Bewegungs-Anomalien erleichtern und manche Wiederholungen vermeiden lassen soll, einleite.

Der Gesichtssinn.

Die intracraniellen Erkrankungen des Sehnerven und seiner Ausstrahlungen ins Gehirn manifestiren sich als Anomalien des Lichtsinns, des Farbensinns und des Raumsinns. Ihre Diagnose setzt die Exclusion intraocularer Sehstörungen (durch Medientrübungen, Accommodationsanomalien, Hintergrundskrankheiten) und gewisser peripherer Nervenleiden, die zum Theil an ihrer Flüchtigkeit, zum Theil an ihrer eigenthümlichen Form erkannt werden (hysterische Amblyopien), voraus.

Ueber den *Lichtsinn,* den wir meistens nach Foerster's der Vervollkommnung sehr bedürftiger Methode mit seinem Photometer untersucht haben, wissen wir nicht viel mehr, als dass Kranke mit Atrophia papillae, um schwarze Objecte sich von einem weissen Grunde abheben zu sehen, weniger Licht brauchen als solche, deren äussere Netzhautschichten der Atrophie entgegengehen, und nicht immer mehr, als Gesunde. Erwägen wir, dass wir keineswegs berechtigt sind, die Atrophie der Papille schlechtweg für den Ausdruck eines intracraniellen Sehnervenleidens zu halten, so muss zugegeben werden, dass kein Grund vorliegt, auf unsere Kenntnisse über das Verhalten des Lichtsinnes stolz zu sein. Ueber Hemeralopie cfr. im speciellen Theil „Amblyopie".

Störungen des Farbensinnes, meist nach den Methoden von Holmgren, Stilling und am Perimeter mit farbigen Papieren untersucht, kennen wir in drei Formen: entweder erscheinen die Farbentöne ähnlich, wie dem gesunden Auge bei abgeschwächter Beleuchtung (grün=blau, gelb=roth, violett und grasgrün=farblos, grau), oder so, als ob dem Kranken eine Principalempfindung fehlte (nach Young-Helmholtz Roth- oder Grün- oder Violett-Blindheit, nach Hering Rothgrün- oder Gelbblau-Blindheit), oder sie erlöschen von der Peripherie nach dem Centrum in der Reihenfolge Grün, Roth, Blau. Die erste Anomalie scheint ausschliesslich der

Atrophie der hinteren Retinaschichten anzugehören, für die intracraniellen Sehnervenkrankheiten bleiben die beiden letztgenannten. Dass sie (auch ohne Atrophia papillae) vorkommen, ist erwiesen, aber bis jetzt ist die Zahl der klinischen Beobachtungen zu klein, um aus ihnen irgend welche Regeln zu abstrahiren.

Anomalien des Raumsinnes treten einseitig und doppelseitig auf als Amaurosen, als eine gleichmässig diffuse, d. h. den physiologischen Leistungen der verschiedenen Netzhaut-Zonen proportionale Amblyopie, als Einengungen und Unterbrechungen des Gesichtsfeldes. Von letzteren zweigen sich die symmetrisch lateralen und temporalen Hemiopien und die hemiopischen Defecte als Unterarten ab.

Im speciellen Theile werden wir es bei der Untersuchung der Amblyopien und Amaurosen damit zu thun haben, zu ermitteln, was Klinik und Sectionen über das Verhältniss zwischen Störungen des Raumsinnes ohne ophthalmoskopischen Befund und intracraniellen Sehnervenkrankheiten gelehrt haben. An dieser Stelle sollen nur einige Gesetze antecipirt werden, die sich a priori aus der Anatomie des N. opticus ableiten lassen.

Bekanntlich hat Johannes Müller aus physiologischen, später v. Graefe aus klinischen Gründen die sogenannte Semidecussation im Chiasma postulirt, neuere Anatomen und Physiologen erklärten sich dagegen, bis endlich von Gudden der Beweis geliefert wurde, dass jeder Tractus opticus im Chiasma die grössere Hälfte seiner Fasern an die mediale Retina des contralateralen Auges, die kleinere Hälfte an die temporale Retina des gleichnamigen Auges abgibt. Mithin enthält der Sehnerv bei seinem Austritt aus dem Chiasma Fasern von beiden Tractus, während rückwärts vom Chiasma jeder Tractus ohne weitere Durchkreuzung nach dem Gehirn hin verläuft bis zu seiner schliesslichen Ausbreitung in der Sehsphäre (Munck) des Occipitallappens. Hieraus folgt:

1. Vom Occipitallappen bis zum Chiasma enthält die linke Hälfte des Gehirns die Nervenfasern für die rechte, die rechte Hälfte des Gehirns die Nervenfasern für die linke Hälfte des binocularen Gesichtsfeldes.

2. Die laterale Hemiopie und die symmetrischen, lateralen, hemiopischen Gesichtsfeld-Defecte sind der Ausdruck für eine totale oder particlle Leitungsunterbrechung zwischen Chiasma und Hinterhaupt der entgegengesetzten Gehirnhälfte.

3. Die temporale Hemiopie hat ihren Heerd, wo die Nervenfasern der nasalen Netzhauthälften zusammenliegen (Mitte des Chiasma).

4. Particllen Zerstörungen des Chiasma können monoculare und binoculare Gesichtsfeld-Defecte entsprechen. Ihr Ort ist eben so wenig

bestimmbar, als die Lage der einzelnen Fasern im Chiasma mit Bezug auf ihre Endigungen in den Netzhäuten.

5. Einseitige Amaurose kann nur auf eine Leitungshemmung im gleichseitigen Sehnerven diesseits des Chiasma bezogen werden. (Eine Zerstörung der complementären Theile beider T. optici bei völliger Gesundheit der anderen Hälften ist schwer denkbar und nie beobachtet. Dasselbe gilt für die Sehsphären.)

6. Doppelseitige Amaurose erfordert Zerstörung beider Sehnerven oder beider Tractus oder des ganzen Chiasma oder beider Sehsphären.

7. Centrale Scotome können von Leitungshemmung der Macula-Fasern im N. opticus herrühren. Die Lage und isolirte Atrophie dieser Fasern ist von Samelsohn, bald darauf von Nettleship beschrieben und von Vossius bis ins Chiasma verfolgt worden. Centrale Scotome, die Tractus- oder Gehirn-Krankheiten entsprechen, bedingen doppelseitige, symmetrische Heerde. (cfr. „Hemiopie".)

8. Gesichtsfeld-Defecte und -Unterbrechungen bedeuten partielle Leitungshemmungen im gleichseitigen Sehnerven zwischen Auge und Chiasma. Intracranielle Heerde sind ihrem Sitze nach aus der Form der Defecte direct und allein nicht sicher zu bestimmen (Munck's Projections-Schema ist nur für das Hunde-Gehirn entworfen).

Die aufgestellten Sätze haben selbstverständlich ihre Geltung nur für reine Störungen der nervösen Leitung auf directem Wege vom Hinterhaupte bis zum Eintritt des Opticus ins Auge (intraoculare Ursachen, Krankheiten der Papilla optica u. s. w. sind ausgeschlossen). Ihr anatomisches Gebiet beginnt, wo die „Sehsphäre" hin verlegt wird, und hält sich an den Verlauf des Nerven, der mit zwei aus den beiden Corpora geniculata hervorgehenden Wurzeln das Gehirn verlässt. Das C. geniculatum laterale setzt sich direct in die äusserste Spitze der hintersten Thalamuspartie (Pulvinar) fort, das C. g. mediale stösst nach der Mittellinie zu auf die Lamina quadrigemina. Dicht unter dem C. g. laterale vereinigen sich die beiden Wurzeln des Sehnerven zum Tractus, der sich um den Grosshirnschenkel herumschlägt und nach dem Tuber cinereum verläuft, wo er kurz vor dem Infundibulum mit dem der anderen Seite das Chiasma bildet. Aus dem Chiasma tritt dann der eigentliche N. opticus hervor, bis zum Canalis opticus kaum 10 mm lang, in der Orbita S-förmig gekrümmt, bis zu seinem Eintritt ins Auge einen Weg von 28 mm Länge zurücklegend.

Die Bewegung.

Erkrankungen des oculomotorius, abducens und trochlearis diagnosticiren wir nach Exclusion peripherer, vorzugsweise orbitaler Immobilitäts-Ursachen aus der verminderten Beweglichkeit des Auges*) und der Lage der Doppelbilder (cfr. Muskeln).

Für die *Differential-Diagnose zwischen centralen und peripheren Lähmungen* müssen wir wegen der schweren Zugänglichkeit der Muskeln schon auf die Untersuchung der elektrischen Erregbarkeit Verzicht leisten und mit einigen anderen Symptomen vorlieb nehmen: sind alle Fasern eines Nerven oder alle von ihm versorgten Muskeln gelähmt, so nehmen wir einen Krankheitsheerd an der Basis cerebri an, weil hier die im Gehirn getrennten Nervenfasern zu einem gemeinschaftlichen Stamme vereinigt sind, ebenso verfahren wir, wenn mehrere an der Basis nahe zusammen liegende Nerven gleichzeitig oder der Reihe nach gelähmt werden, dagegen halten wir mit v. Graefe einen cerebralen Heerd für wahrscheinlicher, wenn vorhandene Doppelbilder nur sehr schwer oder gar nicht verschmolzen werden können; denn die Fusion ist ein psychischer Akt. Andere mehr weniger sichere Kriterien für diese schwierige und keineswegs immer sichere Diagnose finden wir in Wernicke's vortrefflichem Lehrbuche und anderen Werken über Neuropathologie.

Von *den intracraniellen Lähmungen* lehrt die pathologische Anatomie, dass die im weitesten Wortsinne *peripheren,* d. h. die von den Nerven nach ihrem Austritte aus dem Gehirne abhängenden häufiger sind, als die eigentlich centralen, *cerebralen.* Eine cerebrale, isolirte Paralyse des N. abducens und trochlearis soll noch nicht beobachtet worden sein, es käme also vorzugsweise der Oculomotorius in Betracht.

Die topographische Forschung nach centralen Heerden führt auf *die grossen Nervenkerne,* die auf dem Boden des vierten Ventrikels und Aquaeductus Sylvii so geordnet sind, dass in einer c. 25 mm langen, 18 mm breiten Zone, deren vordere Grenze mit den vorderen C. quadrigemina, deren hintere mit den Striae medullares auf dem Boden des vierten Ventrikels zusammenfällt, der Kern des Oculomotorius am weitesten nach vorn, der des Abducens am weitesten nach hinten liegt. Die Faserbündel des Oculomotorius verlaufen durch den Grosshirnschenkel, die des Abducens durch den hinteren Teil des Pons, die des Trochlearis durch das Velum medullare anticum, um, zu Stämmen vereinigt, am Pons in derselben

---

*) Muskelkrämpfe, die man als Folge von Nervenreizung aufzufassen pflegt, spielen, wie wir sehen werden, bei der Diagnose der cerebralen und spinalen Krankheitsprocesse den Lähmungen gegenüber eine untergeordnete Rolle.

Reihenfolge, die ihre Kerne einhielten, auszutreten. Da die Fasern des Abducens auf derselben Seite bleiben, die des Trochlearis auf die andere übertreten, würden wir aus einer centralen Paralyse des Trochlearis auf einen contralateralen Heerd, aus einer Paralyse des Abducens auf einen gleichseitigen schliessen müssen. Für den Oculomotorius ist die Kreuzungsfrage noch nicht entschieden.

Die Klinik der centralen Bewegungs-Anomalien lehrt uns einige Augenstellungen kennen, deren genaue Untersuchung von ganz besonderem Werthe für die Neuropathologie ist. Es kommt vor, dass ein den M. rectus internus paralysirender Krankheitsheerd unter dem Oculomotoriusstamme sich auf die dem Wurzelaustritte gegenüberliegende Seite bis zum Abducenskern erstreckt; die selbstverständliche Functionsstörung ist: **aufgehobene associirte Bewegung in der vom Krankheitsheerde abgewandten horizontalen Richtung** resp. Abweichen beider Augen nach der Richtung des Krankheitsheerdes mit freier Beweglichkeit bis nach der Mitte der Lidspalte (Wernicke I p. 351 sq.). In einem anderen Falle ist der Abducens an der Seite des Pons durch einen Heerd gelähmt, der sich auf beide an ihrem Austritte mit den medialen Rändern nur 3 mm von einander entfernte Oculomotoriusstämme erstreckt; die Functionsstörung ist: **starrer Blick mit aufgehobener Bewegung in der Horizontalen bei freier Beweglichkeit nach oben und unten**, und umgekehrt findet sich **aufgehobene Bewegung in der Verticalen bei freier, horizontaler** mit und ohne Ptosis bei Krankheitsheerden im Oculomotoriuskern. — Diesen Lähmungen äusserlich sehr ähnlich trotz sehr verschiedener Bedeutung ist die von Prévost zuerst studirte *Déviation conjuguée:* beide Augen stehen nach der Seite des Krankheitsheerdes resp. bei gleichzeitiger Contractur (meist nach Blutungen mit Durchbruch in die Seitenventrikel) nach der gegenüberliegenden Seite. Ist das Sensorium der Kranken für willkürliche Fixationsbewegungen frei genug, so zeigt sich, dass die Beweglichkeit nach keiner Seite aufgehoben ist; dem entsprechend sind die Stellen, an denen die Nerven aus dem Gehirn austreten, und die grossen Nervenkerne normal, während die Sectionen gewöhnlich diffuse Erkrankungen der Hemisphären ergeben. Zur Erklärung der Déviation conjuguée hat man davon auszugehen, dass jede Hemisphäre die associirte Bewegung nach der entgegengesetzten Seite beherrscht (Willensbahn), dabei aber in geringem Grade von der anderen Hemisphäre unterstützt wird; ist also in Folge einer beliebigen Krankheit der rechten Hemisphäre die Bewegung nach links aufgehoben, und sind die Gesichtslinien durch secundäre Contraction der antagonistischen Muskeln unverwandt nach rechts gestellt, so bleibt eine willkürliche Fixationsbewegung nach links, wenn auch keine sehr ausgiebige, durch die gesunde linke Hemisphäre möglich.

Die Beziehung der Déviation conjuguée zur Hemiplegie und Hemianästhesie übergehe ich, weil an dieser Stelle nur die Differentialdiagnose zwischen einer bestimmten centralen Oculomotoriuslähmung und einer Hemisphären-Krankheit besprochen werden sollte.

Unter anderen durch Functions-Anomalien von Seiten der Augenmuskeln charakterisirten centralen Heerderkrankungen finden wir bei Wernicke für einen bis zum Velum medullare anticum sich erstreckenden Heerd im Grosshirnschenkel die gleichzeitige Lähmung des Oculomotorius und Trochlearis, für weniger ausgebreitete Heerde ebenda eine monoculare Oculomotoriusparalyse, der die zweite bald zu folgen pflegt, in Verbindung mit gewissen Allgemeinerscheinungen, für den pons neben den Störungen der Motilität und Sensibilität die oben genannten wirklichen Lähmungen der meist vom Abducens-Kern ausgehenden associirten Bewegungen. Von einigen anderen complicirteren Paralysen wird im speciellen Theil die Rede sein.

Wie oben erwähnt, sind *die peripheren basalen Lähmungen* viel häufiger, als die cerebralen. Ihre Ursachen sind meningitische Exsudate, Gummata, Tumoren (direct oder aus der Nachbarschaft, besonders häufig vom Pons aus wirkend), straff gespannte, einschnürende Gefässe, aneurysmatische Säcke etc. Besonders hervorgehoben wird eine gummöse Erkrankung an der Basis, die mit Ptosis einzusetzen pflegt und am häufigsten den Oculomotorius lähmt, der Frequenz nach folgt der ganze Facialis, der Abducens, die sensible Portion des Trigeminus.

Bei der Besprechung der Gehirn-Tumoren gibt uns Wernicke (l. c. III p. 305 sq.) Andeutungen, wie man aus der Reihenfolge der Lähmungen unter Umständen zu einer richtigen Diagnose des Sitzes in einer Schädelgrube und der Hypophysisgegend gelangen kann. Ein vollständiges Bild wird der Leser nur durch Einsicht des Originals gewinnen können.

In der vorderen Schädelgrube folgt auf den N. olfactorius der N. opticus (Neuritis oder Atrophie) und der Tractus (Hemiopie), dann in der Fissura orbitalis superior der erste Ast des Trigeminus und der Oculomotorius.

In der Hypophysisgegend leiden zuerst die N. optici und das Chiasma (erst monoculare, dann binoculare Amaurose), demnächst ein Oculomotorius oder beide, der Abducens, der erste Ast des Trigeminus.

Tumoren der *mittleren Schädelgrube oberhalb der Dura* erzeugen durch Druck auf den Hirnschenkel Hemiplegie, der sich Paralyse des Oculomotorius, des Trochlearis und des Chiasma allmählich anschliesst, *unterhalb der Dura* treffen wir die Fissura orbitalis superior mit den drei Muskelnerven und dem Ophthalmicus, den Sinus cavernosus mit dem Stamm des Quintus, dem Ganglion Gasseri und den drei Muskelnerven. Wird die Scheidewand durchbrochen, so kommen die Tractus, die Sehnerven und das Chiasma an die Reihe.

Für die *hintere Schädelgrube* spricht die Combination des Trigeminus, Facialis und Abducens mit dem Acusticus, Glossopharyngeus, Vagus und Accessorius. —

Wie man sieht, ist die Lage der Nerven zu einander, zu Gefässen, zu den knöchernen Theilen der Schädelbasis ein diagnostisches Hülfsmittel, von dem sich im gegebenen Falle mancher Aufschluss über den Sitz eines intracraniellen Krankheitsheerdes erwarten lässt. Es soll deshalb noch mit einigen kurzen Bemerkungen

der intracranielle, periphere Verlauf der Bewegungsnerven

skizzirt werden.*) *Die Oculomotorii* verlassen das Gehirn an der Stelle, an welcher die Substantia perforata anterior von der Mitte und die Hirnschenkel von der Seite her auf den vorderen Rand des Pons stossen, ihre medialen Grenzen nähern sich bis auf etwa 3 mm. Zuerst aus 10 bis 12 Bündelchen bestehend, wird der Nerv nach einem Verlauf von 3 bis 5 mm zu einem festen Strange und steigt als solcher von hinten und medial nach vorn und lateral etwas aufwärts, bis er auf die dreieckige Fläche, mit welcher das Tentorium cerebelli sich an den Knochen ansetzt, gelangt. Hier senkt er sich dicht neben der Mitte der Sella turcica in einen Spalt der Dura mater und gelangt an der Basis in dem reichlichen Bindegewebe, welches die Dura und Pia trennt, zwischen die beiden Endäste der A. basilaris (A. cerebri posterior und A. cerebelli superior).

Der Trochlearis kommt an der hinteren und lateralen Seite des Hirnschenkels unter dem Pons zum Vorschein, läuft am hinteren Rande des Hirnschenkels nach oben in der Furche, in welcher dieser mit dem Crus cerebelli ad pontem und dem Crus cerebelli ad corpora quadrigemina zusammenstösst, schwingt sich über letzteren auf die Oberfläche des Gehirnstammes und tritt auf dem Velum medullare anticum in das Gehirn, in welchem er in zwei bis vier Bündelchen zerfällt. Während seines Verlaufes um den Hirnstiel liegt er in einem von Bindegewebe gefüllten Hohlraum, welcher vorn von dem Pulvinar thalami optici und dem Gyrus hippocampi, hinten von der Vorderseite des Kleinhirns begrenzt wird. Sein Stamm tritt, nachdem er das Gehirn am Pons verlassen, zur

---

*) Für die anatomischen Daten habe ich „Merkel, Makroskopische Anatomie" in Graefe-Saemisch benutzt.

Seite und läuft dicht unter dem Ansatz des Tentorium cerebelli an der oberen Kante der Schläfenbeinpyramide nach vorn. Sein Eintritt in die Dura erfolgt genau über der Spitze der Schläfenbeinpyramide.

Der Abducens kommt gegenüber dem Oculomotorius am hinteren Rande der Brücke zum Vorschein, dicht vor der Austrittsstelle des Facialis und Acusticus in der Furche zwischen Pons und den Pyramidensträngen des verlängerten Markes. Seine feinen Bündelchen (7—8) vereinigen sich nach einem Verlaufe von etwa 2 mm zu einem Stamme, der lateralwärts über den Clivus in die Höhe steigt und medianwärts vom Trigeminus in gleicher Höhe mit ihm zwischen der Basis der Sattellehne und der Spitze der Schläfenbeinpyramide in die Dura eintritt. Er kreuzt sich mit der A. cerebelli inferior posterior und der A. auditiva aus der Basilaris.

In dem Raum zwischen der Sella turcica und der Schläfenbeinpyramide angelangt, machen die drei Nerven ihren Weg nach der oberen Augenhöhlen-Fissur, auf dem sie in nächste Nähe der Carotis cerebralis und in den Sinus cavernosus gelangen. Die Carotis nämlich tritt vor der Spitze der Schläfenbeinpyramide in die Schädelhöhle, legt sich in eine Furche an der Seite des Keilbeinkörpers, zieht neben der Hypophysengrube nach vorn und gelangt an der medialen Seite des Processus clinoideus anterior an die untere Fläche des Gehirns. Die Dura mater spannt sich über ihr mit dem dreieckigen Endfelde des Tentorium cerebelli zwischen dem Proc. clin. ant. und posterior aus und steigt von der Spitze des ersteren zur mittleren Schädelgrube herab, der hier zur Seite des Wespenbeinkörpers frei bleibende Raum ist mit Blut gefüllt (Sinus cavernosus) und steht mit den anliegenden Blutleitern der Dura in Verbindung. In ihm treten zahlreiche Aeste aus dem sympathischen Geflechte der Carotis in die Bahnen der Nerven ein.

Der Oculomotorius, der bei seinem Eintritt in die Dura in der Höhe des Proc. clin. post. liegt, verläuft in der Dura abwärts, gelangt unter den kleinen Keilbeinflügel und tritt in die Orbita dicht an seiner unteren Wurzel. Nach vorn zu im Sinus cavernosus wird das ihn deckende Blatt der Dura immer schwächer, bis es endlich fehlt.

Der Trochlearis schliesst sich dem abwärts gerichteten Oculomotorius an und tritt, durch ein zartes Bindegewebshäutchen von dessen lateraler Seite getrennt, neben ihm in die Orbita. Gegen den Sinus cavernosus ist er durch eine dünne Scheide abgegrenzt. In der vorderen Hälfte des Sinus tritt der Ramus ophthalmicus des Trigeminus, der der lateralen Seite der Carotis fest anliegt und sich gegen den Sinus nicht abgrenzt, an seine untere Seite und bleibt hier bis zum Eintritt in die Orbita.

Der Abducens durchbohrt die hintere Wand des Sinus, legt sich nach kurzem Verlauf an die Carotis, indem er über die Convexität ihrer zweiten Krümmung verläuft, und zieht, an ihre untere Seite fest angeheftet, neben der medialen Seite des R. ophthalmicus zur Orbita.

Was den *N. opticus* anbetrifft, so sind wir auf die oben angegebenen spärlichen Consequenzen der Fasertheilung im Chiasma und auf einige topographische Beziehungen zu benachbarten Theilen des Gehirns, Gefässen und Nerven angewiesen (die Compression des Chiasma durch vermehrten Inhalt des dritten Ventrikels, die Lage zum Sinus cavernosus und den durchziehenden Nerven, zur Ophthalmica etc.), während über die wichtigen Verbindungen mit den vorderen Vierhügeln, dem hinteren Theile des Thalamus opticus, dem Grosshirnschenkel, dem Oculomotoriuskern, der Medulla oblongata (Stilling) und über den Verlauf der Fasern nach der occipitalen Sehsphäre noch Vieles im Dunkel liegt.

In aller Kürze, weil ihr grösster Theil nicht dem Auge angehört, sollen noch

der N. facialis, trigeminus und sympathicus

berührt werden. Von ihnen kommt der erste, *der Facialis*, nur als Bewegungsnerv des M. orbicularis oculi in Betracht, aber da bei peripheren Lähmungen nur seine unteren Aeste betheiligt zu sein pflegen, gewinnt gerade der Lagophthalmos paralyticus eine besondere Bedeutung als Symptom eines centralen Krankheitsprocesses.

Auf eine *Lähmung des Sympathicus* werden wir durch die Myosis paralytica, durch v. Graefe's bekanntes Symptom bei Morbus Basedowii, von dem später die Rede sein wird, durch Temperatur- und Secretions-Veränderungen der Lidhaut und durch eine Reihe vasomotorischer Ernährungsstörungen geführt.

Der Ramus ophthalmicus n. trigemini ist schon oben wegen seiner diagnostischen Wichtigkeit erwähnt worden. Die Lage seiner beiden Hauptkerne unter dem Boden des 4. Ventrikels, der Verlauf seiner Faserbündel durch die sagittalen Bündel des Pons, der Eintritt in die Dura auf der Pyramide des Schläfenbeins, das Ganglion seminulare, das Verhältniss zum Trochlearis, die Durchgangsstelle durch die Fissura orbitalis superior können unsern Bestrebungen, den Sitz einer intracraniellen Erkrankung zu bestimmen, wesentliche Dienste leisten.

Die Blut- und Lymphbahnen.

Das arterielle Blut der A. ophthalmica fliesst dem Auge auf der grossen Bahn der Ciliargefässe und auf der kleinen der A. centralis retinae zu; eine Verbindung zwischen beiden findet nur durch kleine Anastomosen in der Lamina cribrosa und in den Sehnervenscheiden statt. Eine arterielle und capillare Hyperämie entzieht sich, wenn man von einer feinen Injectionsröthe des vorderen Augapfel-Segmentes absieht, meistens der directen Beobachtung, weil die physiologische Röthe der Papilla optica und des gesammten Augenhintergrundes innerhalb sehr breiter Grenzen schwankt, eine capillare Hyperämie der Retina aber wegen der Transparenz der Membran und der mikroskopischen Feinheit der Capillaren für die Augenspiegelvergrösserung unsichtbar bleiben muss. Eine directe Fortpflanzung cerebraler Hyperämie auf den Opticus dürfte auch auf mechanische, durch den Eintritt der Centralarterie in den Opticusstamm bedingte Hindernisse stossen. Als eine diagnostisch wichtige Eigenthümlichkeit mag erwähnt werden, dass orbitale Läsionen und andere Krankheiten des N. opticus hinter der Einmündung der Arterie (ca. 12 mm vom hinteren Pole des Auges) allmählich zur Atrophia papillae führen können, ohne auf ihre Blutgefässe den mindesten Einfluss zu zeigen.

Venöse Hyperämie im Hauptstamme des Opticus und in seinen Retinaverzweigungen aus intracraniellen oder noch weiter abliegenden Ursachen ist leicht diagnosticirbar. Ihre Häufigkeit und manche irrthümliche Hypothese über ihre Veranlassungen (unter anderen v. Graefe's Stauungspapille) muss eine kurze Darstellung der physiologischen Verhältnisse rechtfertigen. Das Venenblut des Auges ergiesst sich in zwei Hauptstämme, die V. ophthalmica superior für den medialen oberen Theil und die V. ophthalmica inferior für den unteren Theil der Orbita, beide leiten ihr Blut in den Sinus cavernosus, die letztere mitunter in die V. ophthalmica superior. Demnach müsste bei einem Strömungswiderstande im Sinus cavernosus eine allgemeine Stauung eintreten, wenn nicht noch Seitenwege offen wären, an denen es nicht fehlt. Es besteht eine weite Anastomose zwischen der V. ophthalmica superior und der V. angularis (klinisch ominös durch Verbreitung pyämischer Processe auf's Auge von Gesichtsfurunkeln), eine zweite zwischen V. ophthalmica inferior und Plexus pterygoideus durch die Fissura inferior, ferner eine Verbindung zwischen der V. angularis und der V. facialis anterior. Es ist ausserdem von Merkel durch Injectionen nachgewiesen, dass die oberen Venen klappenlos sind, die unteren sämmtlich Klappen führen, und dass eine solche auch inconstant zwischen V. angularis und V. ophthalmica superior vorkommt, dass mithin einem zu starken Rückstau bei intracraniellen Gefässverstopfungen genügend vorgebeugt ist. Eine Ausnahme für die Retina würde durch die mitunter vorkommende directe Einmündung der V. centralis in den Sinus cavernosus gegeben sein. Im allgemeinen aber wird man die Ursachen der venösen Hyperämien in der Beschaffenheit der Gefässe und in grösserer Nähe des Auges zu suchen haben. Über die Lymphbahnen der hinteren Augapfelhälfte haben wir durch Schwalbe's für die Pathologie Epoche machende Injectionen erfahren, dass eine directe Communication der cerebralen Subdural- und Subarachnoidal-Räume mit den intervaginalen Räumen des Sehnerven besteht, und zahlreiche Sectionen haben eine ampullenartige Erweiterung der letzteren als constantes Symptom intracranieller Drucksteigerung kennen gelehrt. Der subdurale Raum communicirt aber durch eine feine Oeffnung mit dem von der Tenonschen Kapsel begrenzten supravaginalen, der durch die den Vasa vorticosa anliegenden Lymphspalten der Sclera in den Perichorioidalraum, also ins Innere des Auges, führt. Durch Injectionen unter die Pialscheide ist es Schwalbe ferner gelungen, den Nachweis eines Lückensystems zwischen der Oberfläche der Sehnervenbündel und den bindegewebigen Septis (besonders zahlreich in der Lamina cribrosa) zu führen. An offenen Wegen zwischen Schädelhöhle und Auge, durch die sich Erkrankungen des Auges von den Gehirnhäuten aus erklären liessen, ist mithin kein Mangel. —

Hiermit wäre aus einem grossen Schatze der für das ätiologische Verständniss ophthalmopathologischer Erscheinungen wichtigsten anatomischen Daten Einiges in Kürze zusammengefasst, wovon ich glaube, dass es dem Leser, der sich mit speciellen ophthalmologischen Studien nicht abgegeben hat, den Einblick in den Zusammenhang der Erscheinungen erleichtern kann. Wir wenden uns jetzt zu den einzelnen Theilen des Auges, mit denjenigen, an welchen centrale Vorgänge am häufigsten zum Ausdruck kommen, beginnend.

Specieller Theil.

1. Die Retina.

Anomalien der Circulation.

Die Circulationsstörungen der Retina erkennen wir an der Beschaffenheit der Wandungen und dem Lumen der Gefässe, der Farbe des Blutes, an consecutiven Ernährungsstörungen, an Blutungen ins Gewebe.

1. *Hyperämie.* Die *arterielle Hyperämie* ist ophthalmoskopisch nicht diagnosticirbar, sie pflegt sich, so lange die Gefässwände normal sind, durch Blutungen nicht zu verrathen, ihr Einfluss auf die Function der Retina ist unbekannt. Die *capilläre Hyperämie* lässt sich wegen des mikroskopischen Lumens der Capillaren direct nicht nachweisen, mitunter nach dem Aussehen der Papille, so wie nach manchen subjectiven Symptomen, vermuthen. In wie weit sie den Farbenton des Augenhintergrundes verändert, wissen wir nicht; denn das Verhalten des Sehpurpurs und der Antheil des Chorioidalblutes an dem Hintergrundsroth lässt sich nicht in Rechnung bringen.

Die venöse Hyperämie kennen wir bis zu ihren höchsten Graden in einer rein mechanisch bedingten, vollkommener Rückbildung fähigen Form durch den glaucomatösen Process und wissen, dass die excessivsten Venen-Erweiterungen ohne sichtbare Transsudation in das Gewebe bestehen können. Wir werden deshalb Complicationen mit Retina-Trübung, da diese entzündlicher Abkunft sein kann, soweit es angeht, von den reinen Circulationsstörungen vorläufig ausschliessen.

Unter den intraocularen Ursachen der venösen Stauung nimmt der glaucomatöse Process und die senile, atheromatöse Degeneration der Gefässwandungen die erste Stelle ein. Als extraoculare kommen alle Krankheiten und Krankheits-Producte, welche den Rückfluss des Blutes hemmen, in Betracht. Die Stenose der Arteria pulmonalis, das Offenbleiben des Foramen ovale und Septum membranaceum, die idiopathische Herzerweiterung, die Kyphoskoliose, das mit chronischem Catarrh verbundene Emphysem, die Verengerung der Glottis, langwierige, suffocatorische Hustenanfälle, der Hydrocephalus internus, die basilare Meningitis. Die Möglichkeit, dass sich im Verlaufe der Epilepsie und bei Plethora abdominalis Erweiterungen der Retina-Venen ausbilden, ist nicht abzuweisen. Zu den seltenen Ausnahmen gehört ein von Knapp beschriebener Fall (allgemeine Cyanose, Erweiterung und Hypertrophie der Gefässe und des Herzens) und Litten's interessante Mittheilung über Vergiftung durch mit Anilin verunreinigtes Nitrobenzol: es bestand, weil das Blut die Fähigkeit Sauerstoff aufzunehmen verloren hatte, allgemeine Cyanose, in der violetten Conjunctiva zeigten sich kleine Apoplexien, Hintergrund violett, Arterien und Venen wie mit schwarzer Tinte gefüllt, die **Venen stärker ausgedehnt, kleine Apoplexien.***) — Die hier genannten Stauungsursachen können unter veränderten Umständen auch Ursachen von Blutungen werden.

Das ophthalmoskopische Bild der venösen Hyperämie ist einfach: in dem meist saturirter rothen Hintergrunde sind die Venen bis in ihre feinsten Verzweigungen erweitert und mehr geschlängelt, ihr Reflexstreifen breiter, die Farbe des Blutes dunkelroth bis schwärzlich. Das Sehvermögen pflegt auch in hochgradigen Fällen wenig zu leiden.

2. *Anämie der Retina* ist an der fast durchsichtigen, nur bei gewissem Lichtauffall grau schimmernden Membran aus ihrem Farbentone nicht sicher zu diagnosticiren; helle Blutfarbe und enge Gefäss-Lumina machen sie wahrscheinlich (cfr. Anämie der Papille). Aus einem hohen Grade plötzlicher Blutleere erklärt Alfred Graefe das zuerst von ihm beschriebene Krankheitsbild der

3. *Ischaemia retinae:* „bei sehr schwacher Herz-Action, kleinem schnellen Pulse tritt plötzlich beiderseitige Erblindung ein. Die Papilla optica ist blass, ihre Gefässe auffallend dünn." Für seine Auffassung scheint der Erfolg einer Iridectomie, nach der die Gefässe sich füllten und die Function sich besserte, gegen dieselbe der Einwand v. Graefe's und Foerster's, dass selbst im Stadium algidum der Cholera trotz äusserster Blutleere das Sehvermögen erhalten bleibe, zu sprechen.**) Wir

---

*) Berliner klinische Wochenschrift 1881.
**) Nach v. Graefe sind im Stadium algidum der Cholera die Arterien äusserst dünn und von dunkler Farbe, ein sehr geringer Fingerdruck auf den Augapfel macht sie blutleer oder pulsiren, die Venen sind in ihrem Lumen weniger verändert, aber auch sehr dunkel, ihr Inhalt mitunter in rothe und weisse kleine Abschnitte (wie bei der Embolie) getheilt, von denen man die rothen sich stossweise vorwärts bewegen sieht. Wahrscheinlich entspricht diese Erscheinung einer theilweisen Gerinnung des Blutes innerhalb des Gefässrohres, während die Arterien-Leere Ausdruck der Herzschwäche ist. Und trotz diesem Mangel arteriellen Blutes ist das Sehvermögen wenig gestört!

werden ein ähnliches Krankheitsbild später als „retrobulbäre Neuritis" wiederfinden. Aufklärung über die Ursachen ist von Sectionen zu erwarten. So viel scheint aber bis jetzt festzustehen, dass die Herzschwäche allein die plötzliche Erblindung nicht erklärt. — Dem höchsten Grade acuter Netzhautanämie begegnen wir bei der von Albrecht v. Graefe zuerst beobachteten und diagnosticirten

4. *Embolie der A. centralis retinae.* Der einseitigen, durch kurze Obscurationen eingeleiteten oder plötzlich auftretenden Erblindung entsprechen folgende Veränderungen des Augenhintergrundes: die Arterien erscheinen von ihrer Austrittsstelle an leer oder als fadenförmige Blutstreifen und lassen sich nicht bis in die feinsten, physiologisch sichtbaren Theilungen verfolgen, — die Venen, fast eben so eng, nehmen gegen die Peripherie etwas an Dicke zu; nach einigen Tagen pflegt in den grossen Venen eine Art von Strömung bemerkbar zu werden, man sieht dunkler gefärbte, durch blassrothe oder weisse Zwischenräume getrennte Blutcylinder sich nach dem Centrum fortschieben, in seltenen Fällen kommt es zu einer schnellen, centripetalen Bewegung blassrother, dicht neben einander aufgereihter Scheibchen in den Arterien, endlich steht die Circulation still. Während dieser Zeit, gewöhnlich am 2. oder 3. Tage beginnend, hat sich ein zum Teil durchscheinender, zum Teil undurchsichtiger, intensiver weisser Nebel über die Papilla optica nach oben, innen und unten über die nächst angrenzende Retina und temporalwärts über die von den grossen Macula-Gefässen eingeschlossene Fläche gelagert, auf der grell weissen Macula treten die feinen, zur Fovea centralis verlaufenden Gefässe deutlich hervor, die Fovea selbst erscheint durch Contrastwirkung kirschroth, kleine Blutungen zwischen Papille und Macula fehlen selten.

Ein sehr abweichendes Bild giebt die Embolie eines Arterienastes in seinem retinalen Verlaufe: Papille und Macula sind und bleiben normal, die von dem verstopften Gefässe ernährte Retina-Fläche ist mit dunklen Apoplexien, in denen das Gefäss anfangs verschwindet, um später als weisser, blutleerer Streifen wieder aufzutauchen, bedeckt. Beide Hintergrundsbilder scheinen für Embolie pathognomonisch zu sein.

Durch die Embolie des Hauptstammes wird, wenn sie eine vollständige ist, das Sehvermögen ganz aufgehoben (vielleicht mit Ausschluss eines kleinen, diagonal oben gelegenen Gesichtsfeldsegments), durch die partielle Embolie geht das dem Ernährungsgebiete des obliterirten Gefässes entsprechende Gesichtsfeldstück verloren.

Die Herkunft des Embolus hat nicht immer sicher ermittelt werden können, meistens war der Zusammenhang mit Endocarditis, Klappenfehlern, Carotis-Aneurysmen, Arterien-Sclerose augenscheinlich.

Eine Circulationsstörung, die sich durch die Bewegung des Blutes bemerklich macht, kennen wir durch Quincke an dem

6. *Arterienpuls bei Insufficienz der Aortenklappen:* in dem sonst normalen Augenhintergrunde sehen wir mit der Systole des Herzens die Arterien voller und geschlängelter, die Venen leerer werden, mit der Diastole die Venen sich füllen, die Arterien erblassen. Das rhythmische Phänomen, das, auf der Papille am deutlichsten, sich eine Strecke in die Retina verfolgen lässt, tritt besonders auffällig hervor, wo zwei Gefässe übereinander liegen, oder an den Theilungsstellen grösserer Gefässe.

Die Erklärung ist dadurch gegeben, dass der Unterschied in der Füllung der grossen Gefässe während der Systole und Diastole sichtbar wird, sobald er eine gewisse, das Normale überschreitende Höhe erreicht hat. Während der Herz-Systole sind die Arterien in Folge der Hypertrophie des linken Ventrikels besonders prall gefüllt, während der Diastole besonders leer, weil ein Theil des Aortenblutes durch die insufficiente Klappe nach dem Ventrikel zurücktritt.

Wenn es auch Insufficienzen ohne Arterienpuls gibt, so scheint doch Arterienpuls ohne Insufficienz der Aortenklappen nicht vorzukommen, mithin wäre er ein pathognomonisches Symptom. Nach Foerster müssten Aneurysmen des Truncus anonymus oder der Carotis sinistra an ihrem Ursprunge dieselben Erscheinungen machen. Ob dergleichen Beobachtungen schon vorliegen, ist mir nicht bekannt.

Im Anschlusse an „die Embolien der Arterie" hätte ich vorhin schon die neuerdings von Michel erkannte und beschriebene Thrombose der V. centralis erwähnen müssen, wenn ich nicht gute Gründe hätte, sie erst nach den Apoplexien, die in ihrem Krankheitsbilde eine Hauptrolle spielen, ausführlicher zu besprechen.

Die Apoplexien der Netzhaut sind Begleiter vieler Netzhautentzündungen, treten aber auch als einzige Veränderungen des Hintergrundbildes oder wenigstens als besonders charakteristische auf. Von den reinen Apoplexien, so weit sie sich gegen die entzündlichen überhaupt scharf abgrenzen lassen, soll zunächst die Rede sein.

Was oben für die Hyperämien zugegeben werden musste, dass eigentlich nur die venösen sicher constatirt werden können, gilt für die Blutungen nicht so unbedingt. Die unmittelbare Nähe einer grösseren Arterie und Zeichen von Continuitätstrennung des Gefässrohres können für eine arterielle Blutung sprechen, ebenso das hellere Roth des Extravasates, wiewohl nicht vergessen werden soll, dass gerade die Farbe des Blutes am wenigsten local beeinflusst wird, dass z. B. allgemeine Anämie, Leukämie auch der venösen Apoplexie einen hellen Farbenton geben kann. Capillare Blutungen pflegen wir anzunehmen, wenn es sich um kleine, runde, disseminirte, von der Richtung der grossen Gefässe der Lage nach unabhängige Ergüsse handelt. Extravasate, welche unmittelbar der Wand eines grösseren Gefässes anliegen und dasselbe in paralleler Richtung begleiten, pflegen wir für Blutungen per diapedesin anzusprechen, der Form nach ähnliche, aber freiliegende Blutstreifen in die Faserschicht, dagegen runde Blutflecken, je nachdem sie vor oder hinter der Ebene der grossen Gefässe liegen, in die Körnerschichten oder zwischen Faserschicht und Glaskörper zu localisiren, endlich dunkle Blutlachen, in die ein grösseres Gefäss eintaucht, für eine Folge von Gefäss-Rupturen oder Embolien zu halten. Eine eigenthümliche, seltne Art Blutungen beschreibt Litten (Berl. Kl. W. 1881): sie haben Münzenform, hängen an den Aesten von Arterien oder häufiger von Venen, wie die malpighischen Körperchen der Milz an den Aesten der Milzarterie, und heilen ohne Residuen von der Peripherie nach dem Centrum. In einem diagnostisch zweifelhaften Falle entschied L. sich auf Grund dieser Blutungen gegen die Annahme von Miliar-Tuberculose und fand seine Annahme durch die Section bestätigt.

Blutungen aus rein localen Ursachen pflegen sich von solchen, die als Folgen präexistirender Stauung auftreten, dadurch zu unterscheiden, dass bei den ersteren ein Theil der Retina von dunklem Blute überschwemmt, der übrige Hintergrund normal zu sein pflegt, während bei den letzteren die Papille hyperämisch, die grossen Venen breit und geschlängelt, ihr Inhalt fast schwärzlich, der Reflexstreifen breiter, der diffuse Farbenton des Hintergrundes saturirter ist.

Die gewöhnlichen Ursachen der Retina-Apoplexien (abgesehen von den oben bei der venösen Hyperämie angeführten) sind: Rupturen kranker Gefässe,[*]) allgemeine Blutkrankheiten mit consecutiven Veränderungen der Gefässwand, allgemeine venöse Stauung. Letztere kann bei gesunder Gefässwand extreme Grade erreichen, ohne dass es zu Blutaustretungen kommt. Ein ausgezeichnetes Bild der Stauung mit Extravasation bietet

8. *Die Thrombose der V. centralis*, wahrscheinlich nicht selten als Retinitis apoplectica beschrieben. Die Papilla optica ist mehr an der Richtung, nach welcher die Gefässe convergiren, als an der Austritts-

---

[*]) Litten fand grosse Blutlachen in einem tödtlichen Falle von Apoplexia cerebri et retinae. Die Opticusscheiden waren hämorrhagisch infiltrirt, der Opticus normal, in der Pia und Retina zahlreiche kleine Aneurysmen, das Aortensystem krank, der linke Ventrikel hypertrophisch. Die Retina-Aneurysmen konnten im Leben nicht gesehen werden, weil sie durch Blutungen verdeckt waren.

stelle zu erkennen, denn gerade diese pflegt durch Blutungen verdeckt zu sein; ihre Grenze geht unmittelbar in den gleichfarbigen Augenhintergrund über, der durch die streifige Retina nichts von der Chorioidea erkennen lässt; die Streifen sind Fortsetzungen der papillären Nervenfaserbündel, es handelt sich also um eine Infiltration und Wucherung in den inneren Netzhautschichten. Die grossen Venen sind erweitert, streckenweise verdeckt, streckenweise liegen sie frei, haben einen gewundenen Verlauf und dunklen Inhalt, Apoplexien von gleicher Farbe begleiten die Gefässwand oder durchziehen als kurze, horizontale Streifen den grössten Theil des Hintergrundes; das Zustandekommen kleiner, runder Blutungen scheint durch die starre Infiltration des Gewebes verhindert zu werden, während es an breiten Suffusionen nicht fehlt. Die Arterien sind eng, gleichsam comprimirt. — Nur in sehr seltenen Fällen bleibt die Retina nach der Peripherie hin durchsichtig, die Infiltration beschränkt sich auf die Papille und ihre nächste Umgebung, die breiten geschlängelten Venen verlaufen über der sichtbaren Chorioidea, und die streifigen Blutungen werden durch kleine, runde Apoplexien ersetzt.

Die Disposition zur Thrombose ist in der atheromatösen Degeneration der Gefässe gegeben, Fettherz und Emphysem begünstigen ihr Zustandekommen. Die Thromben sind als marantische aufzufassen.

9. Ein fast entgegengesetztes, in höheren Graden entzündlich complicirtes Krankheitsbild geben *die Blutungen bei allgemeiner Anämie:* in einem hellen, von schmalen, blassrothen Arterien und Venen durchzogenen Hintergrunde mit weisser Papille findet sich meist bilateral eine Menge freier oder wandständiger Blutungen, deren Centrum entweder von Anfang an weiss ist oder es sehr bald wird (Heerde von Rundzellen, Thromben in kleinen, durch die Beschaffenheit des Blutes erkrankten Gefässen). Dass dieser Symptomencomplex nicht einer bestimmten Krankheit, sondern im Allgemeinen der hochgradigen Anämie angehört, beweist sein Vorkommen nach Aborten, Haematemesis, profusen Eiterverlusten, nach schweren Typhen, bei Carcinom der Eingeweide und besonders häufig, wie Litten hervorhebt, bei Carcinoma uteri. Derselbe Autor berichtet über eine perniciöse Anämie im Übergange zu medullärer Leukämie mit gleichen Erscheinungen. — Weisse oder weissgraue Plaques, die in dem Bilde selten fehlen, unterscheiden sich von ähnlichen der Retinitis albuminurica durch den Mangel an Fettglanz; sie bestehen aus Leucocyten. Mit ihrem Auftreten pflegen die Papille trüb, die Venen weiter, die Arterien enger zu werden, gleichzeitig kann von der Papille ein weisser, einen Theil des Hintergrundes deckender, die Gefässe einscheidender Schleier ausgehen (Eiterkörperchen längs der Gefässe, Oedem

der Retina mit zelliger Infiltration, Papillitis bis zur Lamina cribrosa, Papille und Adventitia der Gefässe mit Lymphkörpern durchsetzt, keine Bindegewebswucherung. Litten l. c. 1881). Es handelt sich also schon um eine Papilloretinitis, in der nur die grosse Zahl der Apoplexien auffällt. In der Zeitschrift für klinische Medizin Bd. V macht Litten darauf aufmerksam, dass bei Leberkrankheiten mit Icterus doppelseitige Retinablutungen mit und ohne weisse Plaques von $1/4 - 1/6$ Papillengrösse ohne besonders ominöse Bedeutung vorkommen, und erinnert an die Blutungen im Gehirn, in dem Endocard und den Meningen bei schweren Leberleiden, an die Verfettung der Ganglienzellen bei dem Phosphor-Icterus.

Resumiren wir, was aus dem Bisherigen für das Verhältniss zwischen retinalen Circulationsstörungen und Allgemeinleiden folgt, so ergibt sich:

1. Venen-Erweiterungen mit und ohne Apoplexien können localer (ausnahmsweise toxischer) Herkunft sein, rühren aber gewöhnlich von allgemeiner atheromatöser Degeneration der Gefässe und Respirations-, resp. Circulationsstörungen her,

2. Retinalblutungen mit weissen Plaques, mit Blässe der Papille, des Hintergrundes, des Blutes und mit Verengerung der Gefässe sind ein Zeichen allgemeiner Anämie,

3. Venen-Thrombose beruht auf Herzschwäche und atheromatöser Degeneration (meistens dabei derselbe Process in den Gehirngefässen),

4. Embolia A. centralis retinae ist eine Folge von Endocarditis, Klappenfehlern, Gefässkrankheiten,

5. Arterienpuls ein Zeichen von Insufficienz der Aortenklappen.

Entzündung der Retina.

Bei Gelegenheit der anämischen Blutungen haben wir die Symptome, aus denen sich das Bild der Retinitis zusammenfügen kann, kennen gelernt. Es sind: Röthung und leichte Schwellung der Papille, Undeutlichkeit ihrer Grenzen, diffuse Trübung der Retina, weisse Plaques, Blutungen, Erweiterung der Venen, Verengerung der Arterien. Je nachdem diese Symptome sämmtlich oder theilweise, in höherem oder geringerem Grade ausgeprägt sind, ergibt sich eine Menge von Varianten, von denen einige als regelmässige Folgen derselben Ursachen, mithin als pathognomonisch für gewisse Krankheitsprocesse gelten können.

Die Retinitis septica zeichnet sich durch Blutungen und weisse Plaques aus, wie die Retinitis bei perniciöser Anämie, aber eine Verwechslung zwischen beiden ist in jedem Momente ihrer Entwicklung ausgeschlossen: denn abgesehen davon, dass die R. septica das Bild einer intensiven Entzündung darbietet, von Anfang an das Sehvermögen aufhebt und später als Panophthalmitis mit oder ohne Perforation der Sclera endet, zeigt sie in den seltenen Fällen, in denen die Medien anfangs eine ophthalmoskopische Untersuchung ermöglichen, den Glaskörper trübe, die Papille verwischt, die Venen stark erweitert, Arterien eng, die ganze Retina diffus grau, kaum durchsichtig, daneben eine Menge Blutungen mit oder ohne weisse Centren und unregelmässige, weisse Plaques. Die Centren entsprechen nicht Anhäufungen von Lymphzellen, sondern circumscripten Nekrosen. Acute Nekrose durch Mikroorganismen und secundäre Eiterung, das ist die Bedeutung des retinalen Bildes. Auch in den Gefässen finden sich meistens Bakterien, an der Peripherie der circumscripten Heerde Blutungen.

Die mannigfachen Processe, von denen aus sich allgemeine Sepsis entwickeln kann, geben die *Aetiologie*, unter ihnen obenan *die puerperalen Krankheiten*, die durch Vermittelung des Endocardium oder auch direct bald ein Auge, bald beide gefährden. Die mitunter schwierige *Differential-Diagnose zwischen Sepsis und Typhus* kann sich bei dem Vorhandensein von Plaques und Blutungen in der Retina unbedingt für die erstere, *die Differential-Diagnose zwischen maligner Endocarditis und Typhus*, wenn Blut und Eiter in der Retina fehlen, für den Tyhpus entscheiden.

Die Retinitis albuminurica, die am meisten gekannte und in ihren ätiologischen Verhältnissen am frühesten erkannte Form, zugleich diejenige, welche ihrer Häufigkeit wegen von hervorragendem, allgemein ärztlichem Interesse ist, soll etwas eingehender besprochen werden. Ihr Bild ist, je nachdem die Gefässe oder die Retina vorwiegend erkrankt sind, und in Abhängigkeit von dem Stadium des Processes sehr verschieden.

Ophthalmoskopisch setzt sich dasselbe neben inconstanten Veränderungen der Papilla optica und einer diffusen Netzhauttrübung aus Blutungen, weissen Plaques, mässiger Erweiterung der Venen und Verengerung der Arterien zusammen. Auch in den ersten Anfängen habe ich in den erkrankten Netzhautfeldern die Chorioidea nie durchschimmern gesehen, glaube also, eine frühzeitige diffuse Netzhauttrübung sicher annehmen zu dürfen. Von den anderen Symptomen geben dem Bilde die Blutungen oder Plaques sein Charakteristisches. A. v. Graefe hatte wohl zufällig die hämorrhagische Form besonders häufig gesehen, als er die Brightsche Retinitis für eine Abart der hämorrhagischen erklärte.

Das einfachste Bild zeigt eine leicht mattgraue Trübung ohne Schwellung, hellrothe, rundliche Blutungen in der Nähe des hinteren Poles, eine sehr mässige Schlängelung der Venen, selten einige wand-

1. Die Retina.

ständige Blutstreifen, dabei pflegt die Papille etwas geröthet, nicht prominent zu sein, ihre Ränder weniger hervorzutreten. Schon mit diesen geringen Veränderungen ist der Verdacht auf eine Nieren-Affection gegeben und wird sich selten als unbegründet erweisen; denn vor einer Verwechslung mit Stauungspapille schützt die fehlende Prominenz und die geringe Erweiterung der Venen, die letztere schliesst auch die einfache venöse Stase mit Blutungen aus, die geringe Trübung spricht gegen eine R. syphilitica, die Beschränkung auf den hinteren Pol, die geringe Zahl der Blutungen und ihre helle Farbe gegen eine sogenannte hämorrhagische Entzündung; eine Verwechslung mit allgemeiner Anämie gestattet die Farbe des Hintergrundes, der Papille und das Lumen der Gefässe nicht zu, für den Morbus maculosus sind zahlreiche kleinere und grössere dunkelrothe Blutungen charakteristisch, — kurz, bei genauer Würdigung des Gesammtbildes lässt gerade diese frühe Erkrankung der Retina eine Verwechslung mit anderen nicht zu. Sie kann entstehen und vergehen, ohne Spuren zu hinterlassen, und beruht wahrscheinlich auf Sclerose der kleinen Gefässe.

In anderen Fällen treten mit oder ohne hellrothe Blutungen unregelmässig runde, bald mattweisse, bald glänzend weisse Plaques auf, die sich anfangs ebenfalls auf eine dem Opticus benachbarte Zone beschränken; dabei verhält sich die Papille und die übrige Retina wie oben. Gerade dieses oft als charakteristisch angegebene Bild halte ich für das weniger eindeutige. Eine sichere Differential-Diagnose gegen die *Retinitis diabetica* vermag ich nicht zu stellen, ohne dass ich deswegen, wie andere Autoren, behaupte, das Bild finde sich bei Diabetes nur, wenn der Urin gleichzeitig eiweisshaltig sei. Dieser letzteren Hypothese kann ich mit unbestreitbaren eigenen Erfahrungen entgegentreten und glaube, für den Diabetes kein anderes Kriterium vorschlagen zu können, als die relativ überwiegende Zahl der Blutungen und die mehr gelbe Farbe der Plaques, sowie ihren geringeren Glanz, muss aber zugeben, dass diese relativen Unterschiede für eine sichere Differential-Diagnose nicht ausreichen.

Mit der weiteren Entwicklung der Krankheit hört jede Aehnlichkeit mit der R. diabetica, die sich auf den hinteren Pol beschränkt, die Papille wenig verändert und keine massenhaften Produkte liefert, auf. Es beginnt ein Stadium, in dem die Papille intensiv Theil nimmt und der ganze Augenhintergrund so intensiv degenerirt, dass kaum mehr ein normales Fleckchen zu finden ist. So weit die ophthalmoskopische Untersuchung die Peripherie erreicht, tauchen unzählige weisse, im Bilde etwa stecknadelkopfgrosse Flecken auf, an der Macula entwickelt sich die bekannte, fettig glänzende Sternfigur, um die Papille erhebt sich ein weissgrauer, prominenter Ring, an anderen Stellen bilden sich grosse Plaques durch Confluenz von kleinen. Die Papilla optica erhebt sich etwas über ihr Niveau, wird grauroth, fleckig, undurchsichtig, die Arterien sind eng, die Venen stark erweitert, geschlängelt, dunkelfarbig, die Ränder der grossen Gefässe meist von weissen Streifen eingescheidet, in der Retina ist der Verlauf der Gefässe unterbrochen (Verschiedenheit des Niveaus an den stärkst infiltrirten Stellen), die hellrothen, runden Blutungen werden seltener, grössere, dunklere treten an ihre Stelle, endlich finden sich glänzende, glitzernde Cholestearin-Krystalle, graue Pigmentpunkte zeigen uns die Zerstörung der hinteren Retina-Schichten und die Einwanderung des pigmentirten Retina-Epithels an, oder eine bläuliche, periphere Amotio retinae verkündet die Theilnahme der Chorioidea an dem weit verbreiteten Krankheitsprocesse.

Im Beginn dieses Höhestadiums kann das Hintergrundsbild einzig und allein mit dem der entzündlichen Stauungspapille (confer Opticuskrankheiten) verwechselt werden. Abgesehen davon, dass letzteres höchst selten in allen seinen Theilen zur vollkommenen Entwicklung gelangt, möchte ich darauf aufmerksam machen, dass ich den peripapillären Wall der Retinitis albuminurica niemals ohne zahlreiche Plaques der Peripherie angetroffen habe, dass letztere aber bei der Neuritis nur vereinzelt vorkommen und einen grösseren Durchmesser haben. Auf diesen Unterschied fussend, glaube ich schon jetzt folgende Sätze aufstellen zu dürfen:

„Die mit Albuminurie verbundenen Nierenleiden haben eine Netzhautaffection von charakteristischem Aussehen zur Folge. In ihrem Höhestadium kann dieselbe der entzündlichen Stauungspapille ähnen, unterscheidet sich aber von derselben durch das Verhältniss zwischen peripapillärer und peripherer Infiltration, in einem mittleren Stadium ist eine Verwechslung mit R. diabetica möglich, wenn nicht das Ueberwiegen der Blutungen und der geringe Glanz der Plaques eine solche verhindert."

Bekanntlich nimmt die Retina an verschiedenen Nieren-Affectionen Theil, am häufigsten an der primären Schrumpfung und den Ausgängen der chronischen Nephritis, aber sie begleitet auch die Nephritis gravidarum und andere Formen. Der Zusammenhang des Nieren- und Netzhautleidens ist noch nicht klargelegt. Die Hypertrophie des linken Ventrikels reicht zur Erklärung nicht aus; denn Retinitis ohne Hypertrophie ist fast so häufig, als Hypertrophie ohne Retinitis. Einer neueren Hypothese, nach der die Retinitis selbständig dasteht und ebenso, wie die Nephritis, einem die Nieren- und Netzhaut-Gefässe gleich afficirenden Tertium ihren

Ursprung verdankt, kann ich mich nicht anschliessen, weil die Retinitis niemals ohne Nieren-Affection vorkommt, wohl aber das Umgekehrte, weil ferner mit wenigen Ausnahmen die Retinitis erst nach längerer Zeit der Nierenaffection folgt, mithin das post, ergo propter in diesem Falle wohl einige Berechtigung hat. In Ermangelung eines Besseren würde ich immer noch der Annahme einer Bluterkrankung, die auf die kleinen Gefässe und theilweise auch direct auf das Gewebe wirkt, den Vorzug geben, zumal da im Verlaufe alle Theile der Retina, die Gefässe, die Körnerschichten, das Stützgewebe, die Nervenfasern degeneriren. —

Während allgemein angenommen wird, dass es eine R. albuminurica gibt, dass derselben ein bestimmtes ophthalmoskopisches Bild constant entspricht, und nur die Frage, ob dieses Bild niemals auf ein anderes Grundleiden, als auf Albuminurie hinweise, offen bleibt, sind wir mit den syphilitischen Erkrankungen der Retina noch nicht weiter gekommen, als dahin, ihr von Iritis und Chorioiditis unabhängiges Vorkommen anzuerkennen, aber weder darüber, ob es eine R. syphilitica von pathognomonischem Aussehen gibt, noch darüber, ob die Mischformen von der Retina oder Chorioidea ausgehen, ist man im Klaren. Ich glaube zur Entscheidung dieser Frage etwas beitragen zu können.

In Bezug auf *die Mischformen* ist Foerster's Ansicht bisher die herrschende gewesen. Nach ihm ist eine schon frühzeitig deutlich ausgeprägte Retinitis bedingt und abhängig von einer Chorioiditis syphilitica, deren Beschreibung später folgt. Die Abhängigkeit der Retinitis soll bewiesen sein: 1. durch die häufige Complication mit Iritis, 2. durch die geringe Ausbreitung der Retinatrübung, 3. durch das Vorkommen von Glaskörpertrübungen und Accommodationsbeschwerden, 4. durch die Hemeralopie, 5. durch Pigmentveränderungen, die in inveterirten Fällen vorkommen (l. c. p. 192). Selbstverständlich sollen diese Gründe nur gelten, bis die pathologische Anatomie das letzte Wort gesprochen hat.

Dem entgegen behauptet Ole Bull, der an einem grossen syphilitischen Material beobachtet hat, dass die verschiedenen Mischformen von der Retina ausgehen. Sie sollen acht bis zehn Procent aller Syphilitiker befallen, zu den secundären Erscheinungen gehören, meist in den ersten zehn Monaten nach der Infection, selten später als nach zwei Jahren auftreten, subacut verlaufen, zu Recidiven nicht disponiren und im Ganzen eine gute Prognose geben. Peripapilläre Trübung, disseminirte Plaques und staubförmige Glaskörpertrübungen seien besonders häufig, aber da kein Symptom pathognomonisch sei, müsse die Diagnose sich auf andere gleichzeitige Eruptionen stützen, vorzugsweise auf Exantheme, Paralysen der Muskeln, Paralyse des N. acusticus und psychische Störungen. Den Beweis der Priorität für die Retina zu führen, ist er schuldig geblieben, hat aber, wie mir scheint, eine für Syphilis pathognomonische Retinitis beschrieben.

Im Eingange seiner Abhandlung nämlich schildert er eine Functionsstörung, die anderen Beobachtern entgangen sein soll, weil sie am Perimeter mit einem weissen anstatt eines neutral grauen Objects untersucht haben. Diese Functionsstörung, die er ein Mal für sicher, ein ander Mal für vielleicht pathognomonisch erklärt,*) besteht in einem frühzeitigen, mitunter allen ophthalmoskopischen Veränderungen vorangehenden Scotom, das unmittelbar vom blinden Fleck etwa 20—30 Grad auf- und abwärts sich erstreckt, dann horizontal nach der Gegend des Fixirpunktes umbiegt und endlich 10—30 Grad jenseits des letzteren mit einem auf- und einem absteigenden Schenkel, die sich berühren oder nur einander nähern, endet. Je nachdem die Krankheit heilt oder fortschreitet, kann dasselbe sich vom blinden Fleck her mehr weniger aufhellen oder weiter temporalwärts erstrecken, so dass es bei binocularer Affection schliesslich den Anblick einer Hemiopia lateralis incompleta darbietet (this is the restriction of that half of the visual field in which the scotomata lie, — viz, of its external half — frequently found in such cases. p. 65). Art und Verlauf des Scotoms soll auf eine dem Nervensystem zugehörende, hinter dem Augapfel befindliche Ursache hinweisen.

Bestätigt es sich, dass dieses Scotom nur bei Syphilis vorkommt, so würde

ein aus Hyperaemia papillae, Venen-Erweiterung, peripapillärer Trübung und Ole Bull's Scotom bestehender Symptomencomplex eine für Lues charakteristische Retinitis syphilitica, und alle Combinationen mit Chorioidalplaques würden charakteristische, syphilitische Retinochorioiditiden sein.

Mit dieser einen Form ist aber die Zahl der für Syphilis charakteristischen Entzündungen keineswegs erschöpft. Ich muss auf eine zweite zurückkommen, die ich vor etwa 25 Jahren beschrieben und seitdem nur bei luetischen Individuen gesehen habe. Ich nenne sie Retinitis syphilitica simplex, weil in ihrem ophthalmoskopischen Bilde diejenigen Erscheinungen, die bei keiner Retinitis fehlen, vorkommen, nämlich: Hyper-

---

*) p. 68 „that I never, in any case of retinochorioiditis of non syphilitic origin have found scotomata of such forms, as those, which they exhibit in syphilitic cases."
 p. 82. „we do not find a single one (symptom) — the peculiar form of the scotomata perhaps excepted — that can be said to be pathognomonical for the sypilitic retinochorioiditis."

ämie der Papille, Undeutlichkeit ihrer Grenzen, diffuse Retinatrübung und Venen-Erweiterung. Blutungen, weisse und gelbe Plaques fehlen, feine Glaskörpertrübungen — ähnlich denen bei Cysticercus subretinalis, — können vorkommen und fehlen. Die subjectiven Symptome sind meist unbedeutend (Nebligsehen), seltner anfangs stürmisch (Photopsien und Chromopsien, wahrscheinlich cerebral). Inunctionen und Jodkalium heilen die Krankheit, die, sich selbst überlassen, schlecht verläuft. Roseola, Schleimhautaffectionen, Condylome waren die regelmässigen Begleiter.

Die Retinitis centralis recidiva (Archiv XII p. 211), von v. Graefe zuerst beschrieben, tritt mit ein- oder doppelseitigen und dann meist alternirenden, im Zwischenraum von Wochen oder Monaten sich wiederholenden Scotomen auf, die sich sectorenförmig verbreiten oder den grössten Theil des Gesichtsfeldes einnehmen. Die Intervalle werden kürzer, die Sehschärfe geringer. Ophthalmoskopisch zeigt sich anfangs nur im Anfalle, später bleibend eine graue, ins Grüne oder Gelbe spielende Färbung von der Fovea centralis über die Macula hin, seltener eine weisse Sprenkelung ohne Fettglanz oder eine sehr blasse Pigmentirung. Die sehr seltene Form ist bisher nur bei Syphilis beobachtet und durch Inunctionen geheilt.

Alle sonst beschriebenen syphilitischen Retinitiden (Apoplexien, weisse oder gelbe Plaques) treten unter nicht charakteristischen Symptomen auf. Mithin gelangen wir zu folgendem Resumé:

„es gibt drei Formen reiner, syphilitischer Retinitis: 1. die auf den Opticus und seine nächste Umgebung beschränkte mit Ole Bull's Scotom, 2. die R. syphilitica simplex, 3. die R. recidiva centralis."

Die ersten beiden gehören den früheren, die letzte den späteren Syphilis-Stadien an, alle drei werden durch Inunctionen geheilt. Ueber die Complication mit Chorioiditis confer „die Chorioiditis". —

Auch das räthselhafte, von A. v. Graefe entdeckte Krankheitsbild der Retinitis pigmentosa ist durch die nicht unwahrscheinliche Hypothese einer Beziehung zu einem Allgemeinleiden dem Verständniss näher gebracht worden. Der Augenspiegel zeigt uns bekanntlich eine eigenthümliche, von der Peripherie centripetal fortschreitende Pigmentinfiltration, die sich im ganzen an den Weg der grossen Gefässe hält, letztere — nach ihrem sichtbarem Inhalte zu urtheilen — scheinbar verdünnt, in Wirklichkeit durch Sclerose der Adventitia erheblich verbreitert, der Zahl nach spärlich, die Papilla optica graugelb, wie verschleiert. Die constante Functionsstörung ist eine auffallend hochgradige Hemeralopie und ein Missverhältniss des relativ guten, centralen Sehens zu einer starken Einengung des Gesichtsfeldes. Der ganze Symptomencomplex zeichnet sich durch einen so regelmässigen Verlauf aus, dass man berechtigt ist, ihn für den Ausdruck einer und immer derselben Krankheit zu halten, aber das Wesen dieser Krankheit war unbekannt, nichts weiter sicher gestellt, als ihr relativ häufiges Vorkommen bei Kindern aus Ehen zwischen Blutsverwandten. Schon vor einer Reihe von Jahren publicirte Landolt einen Fall von Retinitis pigmentosa bei einem an Leber-Cirrhose erkrankten Patienten und machte auf die Möglichkeit einer gemeinschaftlichen Ursache aufmerksam, später hat Litten (Zeitschrift für klinische Medicin V) an das Vorkommen von Hemeralopie ohne Pigment bei interstitieller Hepatitis erinnert und die höchst interessante, so viel ich weiss, bis jetzt allein stehende Beobachtung einer acut entstandenen Retinitis pigmentosa während des Verlaufes einer Leber-Cirrhose gemacht. Ich trage vorläufig kein Bedenken, mich seiner Hypothese, dass beide Processe eine Disposition zu entzündlicher Gewebswucherung mit Hyperplasie, Neubildung von Bindegewebe und secundärer Schrumpfung voraussetzen, anzuschliessen.

Von den ophthalmoskopischen Bildern, die zur Annahme verschiedener Retinitisformen Veranlassung gegeben haben*) (sie sowohl, als auch die pathologisch-anatomischen Befunde finden sich in grösster Vollständigkeit bei Leber in Graefe-Saemisch), dürfte noch das der hämorrhagischen oder apoplektischen Retinitis einer eingehenden Besprechung bedürfen, wenn wir nicht seit Michel's Untersuchungen im Zweifel wären, in wie weit dasselbe mit der Thrombose der Vena centralis zusammenfällt. Es sei deshalb nur in Kürze darauf hingewiesen, dass der Symptomencomplex von Hyperämie der Papille, Verlust ihrer Begrenzung, streifiger Infiltration der Retina, Erweiterung der Venen, Verengerung der Arterien und multiplen, meist streifigen Blutungen, mit denen einzelne weisse Plaques gemischt sein können, vorzugsweise bei Klappenfehlern und atheromatöser Degeneration der Gefässe gefunden und deshalb als ein ominöser Vorbote von Gehirnblutungen angesehen worden ist.

Inconstante Erkrankungen, bald Entzündungen mit Theilnahme der Papille, bald diffuse, multiple Blutungen, zeigt der Augenspiegel als Begleiter oder als Ursache von Erblindungen, die nach plötzlichem Aufhören physiologischer Secretionen, nach plötzlichen Abkühlungen der Körperoberfläche zu stande kommen. Von Alters her hat die *Unterdrückung habi-*

---

*) Die Retinitis der äusseren Schichten wird bei den Krankheiten der Chorioidea besprochen werden.

tueller Fussschweisse, die wegen Erblindung unter heftigem Kopfschmerz (meningitischem?) gefürchtet wurde, und das *Cessiren der Menses* im kalten Bade oder während gewisser Arbeiten, bei denen die Füsse im Wasser standen, die Aufmerksamkeit der Augenärzte beschäftigt und der Therapie ihre Richtung vorgeschrieben.*) Was oben im allgemeinen über Blutungen gesagt worden ist und weiterhin bei der Neuritis folgen wird, nimmt diese vereinzelten Fälle in sich auf.

Resumire ich, was unsere Betrachtungen über die Pathologie der Retina gelehrt haben, so ergeben sich ausser unmittelbar einwirkenden Schädlichkeiten (Blendung, Blitzschlag, übermässige Anstrengung etc.) als gewöhnliche Ursachen:

1. *Stürmische Fluxionen bei plötzlich unterdrückten Secretionen* (Retinitis und Blutungen nach Unterdrückung von Fussschweissen, Cessiren der Menses), 2. *locale Gefässdegenerationen* (Ruptur grösserer Gefässe), 3. *Krankheiten der Respiration und Circulation mit und ohne Gefässdegeneration* (venöse Stauung, Blutungen bei Emphysem, Klappenfehlern etc.), 4. *allgemeine Anämie* (Blutungen, weisse Plaques bei Anaemia perniciosa, Leukämie, Icterus, Carcinom), 5. *septische Processe* (puerperale Retinitis etc.), 6. *Morbus Brightii, Diabetes, vielleicht Cirrhose und Oxalurie*, letztere als Ursache einer apoplektischen Retinitis, 7. *Syphilis*.

Von diesen verschiedenen Processen zeigen sich in der Retina in *pathognomonischen Bildern: die Syphilis, die Albuminurie, die perniciöse Anämie und Leukämie, die septische Infection*. Auch die ausgesprochenen venösen Stasen mit und ohne Blutungen können, wo nicht etwa orbitale Ursachen anzunehmen sind, der Regel nach auf Krankheiten der Respiration und Circulation oder auf Gefässerkrankungen — allerdings nur auf grössere Gruppen, nicht auf einen bestimmten Process — zurückgeführt werden, mithin dürfte der Satz:

---

*) Wie oft im Verlaufe von Krankheiten des Uterus und seiner Adnexa Entzündungen der Retina und des Opticus auftreten, werden wir wohl von den Gynäkologen erfahren müssen. Bis jetzt scheint mir die Mehrzahl derselben von häufigem Zusammentreffen nichts wissen zu wollen. Unter den Ophthalmologen dürfte sich nicht leicht Einer befinden, der nicht in einem ätiologisch zweifelhaften Falle seine Zuflucht zu Functionsstörungen des weiblichen Sexualapparates genommen hätte, aber weiter, als bis zu einzelnen casuistischen Mittheilungen, haben es nur wenige gebracht, deren Motivirung des ätiologischen Zusammenhanges mich nicht überzeugt hat. Von diesem Urtheile ist die Kopiopia hysterica, die Förster und Freund beobachtet haben (cfr. Amblyopien und Amaurosen), ausgenommen. — Mit der Abhängigkeit der Hintergrundsleiden von Hautkrankheiten steht es vorläufig um kein Haar besser. Die Dermatologen werden das letzte Wort zu sprechen haben.

„Die Krankheiten der inneren Netzhautschichten sind nur ausnahmsweise idiopathisch, der Regel nach Folgen von Gefässdegeneration, von Krankheiten anderer Organe und von constitutionellen Krankheiten, die aus der Form des Netzhautleidens diagnosticirt werden können," schwerlich mit guten Gründen widerlegt werden können.

2. Nervus opticus.

Wir haben zunächst die Krankheiten des Sehnerven aufwärts von seinem Eintritte in die Sclera bis zum Occipitallappen des Gehirnes zu trennen von den Krankheiten der Papilla optica. Die ersteren können wir nur diagnosticiren, wenn bei normalem Augenspiegelbefunde die Function gestört ist. Sie werden bei der Amblyopie und Amaurose zur Sprache kommen.

Ferner müssten principiell die Krankheiten der Papilla optica von denen der Retina getrennt werden, wenn eine solche Scheidung durchführbar wäre. Bis zu einem gewissen Grade gelingt es, wo wir im Verlaufe einer Retinitis die Papilla optica oder im Verlaufe einer Papillitis die nächstliegende Retina erkranken sehen, aber die grosse Gruppe sogenannter Opticus-Atrophien, bei denen die Retina transparent bleibt, wiewohl sicherlich ihre Faser- und Ganglien-Schicht der Sitz wichtiger mikroskopischer Veränderungen ist, lässt die principiell wünschenswerthe differentiell-diagnostische Abgrenzung nicht zu.

Wir müssen uns deshalb bescheiden, als „Sehnervenkrankheiten" alle diejenigen Processe zusammenzufassen, in deren ophthalmoskopischen Bildern die Veränderungen der Papilla optica als einziges und, wenn mit anderen gemeinschaftlich, als frühestes oder in der Entwicklung am weitesten vorgeschrittenes Symptom auftreten. Diese Veränderungen beziehen sich auf den Farbenton, die Transparenz, den Unterschied zwischen Centralkanal und Nervenfasern, das Aussehen der Nervenfasern, des Bindegewebes, der Lamina cribrosa, die Beschaffenheit der grossen Gefässe und ihres Inhaltes, die Deutlichkeit der Begrenzung und das Niveau der Oberfläche.

Die Anämie der Papilla optica erkennen wir an der weissen Farbe (Blutarmuth oder Blutleere der kleinen Gefässe) und an dem verminderten Durchmesser der grossen Gefässe (Veränderung der Gefässwand, Trübung oder Schwund der Nervensubstanz gehört nicht der reinen Anämie, sondern entzündlichen oder atrophischen Vorgängen an). Halten wir uns an diese Definition und schliessen wir sowohl die Atrophien, als auch die Folgezustände von Retinakrankheiten (Ischämie, Embolie, Leukämie etc.)

aus, so bleibt die Zahl der reinen Anämien gering. In hohem Grade zeigt sie das Stadium asphycticum der Cholera, sehr viel weniger hochgradig und constant die Reconvalescenz nach schweren Krankheiten, Blutverlusten und allgemein chlorotische Zustände. Im Anfalle der Hemicranie und in epileptischen Anfällen dürfte sie als Folge eines Gefässkrampfes aufzufassen sein. Vielleicht hat folgender Symptomenkomplex, den ich mehrmals beobachtet habe, dieselbe Ursache: nach einer heftigen Neuralgie im Bereich des ersten Trigeminus-Astes klagen die Kranken über ein helles Flimmern im Gesichtsfelde und über schmerzhafte Fixation bei normalem Visus und Accommodation, die Papille ist auffallend blass, die grossen Gefässe eng. Schonung, Eisen und Chinin beseitigen die Symptome sehr allmählich, während der Opticus und die Gefässe ihr normales Aussehen wieder erhalten.

Die *active Hyperämie der Papilla optica* ist nicht immer diagnosticirbar, weil ihr wichtigstes Symptom, die allgemeine, vermehrte Injectionsröthe innerhalb zu breiter, physiologischer Grenzen schwankt; in manchen Fällen entscheidet der Vergleich mit dem zweiten Auge und der Verlauf. Die Röthe ist entweder diffus oder lässt sich in eine Menge sehr kleiner, radiär gestellter Gefässchen auflösen, der weisse Reflex des Centralkanals fehlt oder beschränkt sich auf einen kleinen Fleck neben dem Gefässaustritt, die Transparenz ist aufgehoben, die Lamina cribrosa nicht sichtbar, die Arterien pflegen unverändert, die Venen etwas breiter, geschlängelt und dann auch etwas dunkler zu sein. Das Niveau des Opticus ist normal, die Grenzen deutlich, aber die Farbe nicht gelb, sondern röthlich, so dass Papille und Augenhintergrund durch eine von beiden kaum verschiedene Farben-Nüance in einander übergehen.

Differentiell-diagnostisch von Wichtigkeit ist die rein rothe oder violettrothe Farbe der hyperämischen Papille gegen das fleckige, ungleichmässige Aussehen der entzündeten, die durchscheinende, gleichmässige Verschleierung der Grenze gegen den undurchsichtigen, streifigen Uebergang der Nervenfaserbündel in die infiltrirte Retina. Man sieht solche Hyperämien mitunter im Verlaufe der Iritis, bei prodromalem Glaucom, bei progressiver Myopie als Theilerscheinung allgemeiner, innerer Hyperämie, bei Reizung durch grelles Licht, bei Beschäftigung mit sehr feinen Objekten, im Beginn orbitaler Entzündungen. Auch hat man sie mit Respirations-Krankheiten, mit Plethora abdominalis, mit Uterinkrankheiten, dem modernen Erzeuger aller weiblichen Leiden, in Verbindung gebracht, was ich weder bekämpfen noch bestätigen kann. Wie schwer es unter Umständen sein kann, die Grenze zwischen Hyperämie und Entzündung der Papille zu ziehen, sehen wir aus der Begründung der in neuester Zeit von Ole Bull aufgestellten *Hyperaemia nervi optici syphilitica*. Unser Autor hat von über 1000 Syphilitikern 400 genau auf die Beschaffenheit ihres Augenhintergrundes untersucht und bei 20—30 Procent folgende Veränderungen gefunden: Die Papillen röthlich, Venen weiter, Arterien etwas enger, gleichmässige graue, peripapilläre Trübung, keine Blutungen. Dabei sind die Functionen normal, nur ermüdet das Auge leicht, die Phosphene sind gut erhalten. Nach längerem Bestehen bilden sich diese Veränderungen in der Regel ohne Therapie zurück, wenn sie nicht als Vorläufer der verschiedenen Retinochorioiditiden, die weiter unten zur Sprache kommen werden, aufgetreten sind. Von der Retinitis syphilitica simplex und von anderen Formen der Retinitis unterscheidet sich die Hyperaemia papillae durch ihre Beschränkung auf die Papille und deren nächste Umgebung, so wie durch die Naturheilung, — von der Stauungspapille durch die fehlende Prominenz und die geringere Erweiterung der Venen. Sie tritt spätestens 2 Jahre nach der Infection, meist viel früher, gleichzeitig mit Roseola und Plaques der Mundschleimhaut auf, pflegt von Kopfschmerz und rheumatoiden Schmerzen begleitet zu sein. Diese letztere Combination lässt den Autor an Hyperämie der Meningen mit vermehrter Lymphausscheidung denken und die ganze Krankheit jedenfalls als eine extraoculare, wahrscheinlich als eine frühzeitige Erscheinung von Gehirn-Syphilis auffassen. Für die Hyperämie und gegen die Entzündung spricht ihm die geringe Intensität und Extensität der Trübung, die normale Function, die Häufigkeit der Naturheilungen. Eine endgültige Entscheidung darüber haben wir von dem günstigen Zufall einer Section zu erwarten.

Für *die venöse Hyperämie der Papille* ist das Cardinalsymptom die sichtbare Erweiterung der Venen auf der Papille und in der Retina. Ihre Ausdehnung spricht sich nicht nur im Lumen, sondern auch im geschlängelten Verlaufe, dem eine Verlängerung des ganzen Gefässrohres entspricht, aus, die Farbe des Blutes ist dunkel bis schwärzlich. Bei allen höheren Graden pflegt die Farbe der Papille grauroth, ihre Oberfläche gegen den Glaskörper hin etwas convex zu sein (Stauungs-Oedem), der Centralkanal erscheint mit einer röthlichen Masse gefüllt, am meisten prominent, die grossen Gefässe lassen sich nicht in ihn hinein verfolgen. Die Arterien sind normal oder — wahrscheinlich durch das geschwellte Bindegewebe des Centralkanals comprimirt — etwas enger, die Grenzen der Papille verschleiert, im aufrechten Bilde schwer sichtbar.

Die Ursachen fallen im allgemeinen mit denen der Retina-Hyperämie zusammen. Für einseitige Hyperämie kommen besonders orbitale Hemmungen des Blutrückflusses in Betracht. Schon die einfache Schwellung des orbitalen Zellgewebes kann Protrusio bulbi mit venöser Hyperämie der Papille erzeugen, entzündliche Infiltration (Phlegmone orbitae, Periostitis, Caries) wirkt direct durch Compression des Nerven oder indirekt durch ein intervaginales Exsudat hemmend auf den Blutrückfluss, das reinste Bild einfacher Stase geben schnell wachsende, gutartige Tumoren, die den Augapfel vordrängen. Nur wenn der Opticus direct comprimirt wird, kann unter plötzlichem Verfall des Sehvermögens die Arterie leer, die Papille sofort blass werden (wegen der grossen Dehnbarkeit des Nerven und seines gewundenen Verlaufes in dem weichen Zellgewebe sehr selten). — Doppelseitige Hyperämie weist auf Krankheiten der Respirationsorgane, des Herzens und unter gewissen, sofort zu besprechenden Bedingungen, auf die Schädelhöhle. Ihren höchsten Grad zeigt uns, wenn wir das Wort im engeren Sinne gebrauchen, *die Stauungspapille*. Man dehnt meiner Meinung nach den Begriff, den man mit diesem Worte verbindet, in neuester Zeit zu weit aus, weil man nicht scharf trennt, was von dem Krankheitsbilde der Stauung, was irgend welchen anderen mitwirkenden Factoren zugehört. Gibt es unter zwei Symptomencomplexen einen, in dem sich nur Stauungserscheinungen zeigen, so unterliegt es keinem Zweifel, dass ihm allein der Name „Stauungspapille" zukommt, gleichviel ob der andere aus derselben Ursache zu stande kommt, gleichviel, ob zuweilen Uebergänge zwischen beiden beobachtet werden.

Nun kennen wir aber das Bild der reinen Stauung aus der Wirkung der oben angeführten Orbital-Tumoren und finden ein vollkommen analoges bei gewissen intracraniellen Krankheiten: Anfangs ist die Papille hyperämisch, etwas geschwellt, ihre Grenze diffus getrübt, die Venen erweitert, geschlängelt, von dunklerer Farbe, in einem späteren Stadium hat die Farbe einen rothgrauen oder rothgelben Ton, der Centralkanal sticht gegen dieselbe nicht ab, die Grenze der Papille ist durch eine streifige, in die Retina übergehende Trübung (Nervenfaserbündel) verdeckt, die Schwellung hat zugenommen, ebenso die Erweiterung der Venen, die Enge der Arterien, wandständige, streifige und vereinzelte, kleine runde Blutungen finden sich neben den Venen oder frei in der undurchsichtigen, allmählich gegen die Peripherie hin transparenter werdenden Retina, — ein Gesammtbild venöser Stase mit Transsudation, in dem vielleicht die Infiltration der Retina auf einen Uebergang zur Entzündung hindeutet.

Von diesem Bilde erfuhren wir bald, dass es unter Umständen ohne Einfluss auf das Sehvermögen sei, dass aber die zu Grunde liegende Krankheit auch bei mässig entwickelten Hintergrundsveränderungen das

Sehvermögen vollkommen aufheben könne; als zu Grunde liegende Krankheit aber lernten wir den Tumor cerebri kennen, der weder durch seine Grösse, noch durch seinen Sitz, noch durch seine Beschaffenheit, wohl aber durch die mit seiner Entwicklung verbundene intracranielle Drucksteigerung die Ursache der sichtbaren Stase werde. Damit war v. Graefe's erste Annahme einer „Stauungspapille" doppelt gerechtfertigt.

Im Verlaufe weiterer Beobachtungen wurde nun als Begleiterin der Gehirn-Tumoren noch folgendes beiderseitige Hintergrundsleiden constatirt: die Papille prominirt, ihre Begrenzung ist verdeckt, die Arterien verengt, die dunklen Venen erweitert und geschlängelt, oder die Papille ist entzündlich infiltrirt, eine grauröthliche Masse, in der zahlreiche neugebildete Gefässchen und Blutpunkte auftauchen, drängt sich aus dem Centralkanal hervor und zwischen die Achsencylinder hinein, bis von der normalen Structur der Oberfläche keine Spur mehr zu erkennen ist, an der Grenze treten nicht die streifigen Faserbündel in die Retina über, sondern eine weissgraue Trübung strahlt unregelmässig gegen die Peripherie aus, die grossen Gefässe verschwinden stückweise in den infiltrirten Partien, um wieder aufzutauchen und zum Theil von weissen Streifen eingescheidet in der Retina zu verlaufen, in der Blutungen, weisse Plaques und selbst die Sternfigur der Macula lutea lebhaft an Retinitis albuminurica erinnern. Ohne Zweifel überwiegen in diesem Bilde die entzündlichen Symptome hinreichend, um (im Anschluss an Leber's Terminologie) den Namen der Papilloretinitis zu rechtfertigen. Dabei wird die Frage, ob der Nerv immer mit erkrankt sei, offen gelassen und jedes Präjudiz über die Ursache vermieden.

Bekanntlich hatte v. Graefe die Stauung in den Retina-Venen von erschwertem Rückflusse des Blutes durch den Sinus cavernosus hergeleitet und später zur Erklärung der beiden verschiedenen Bilder eine Neuritis descendens, für die ein Obductionsbefund vorlag, angenommen. Später wies Sesemann die Hinfälligkeit der ersten Hypothese durch Entdeckung der grossen Anastomose zwischen der V. ophthalmica superior und V. facialis anterior nach, es folgten Sectionsbefunde von Verschluss des Sinus cavernosus ohne Stauungspapille, endlich zeigte Schwalbe's für die Pathologie Epoche machende Entdeckung den rechten Weg, auf dem man die Ursache der Stauung sowohl, wie der Entzündung, zu suchen habe, auf die Communication zwischen dem flüssigen Inhalte der Schädelhöhle und der intervaginalen Räume des Sehnerven, und bald war pathologisch-anatomisch festgestellt, dass bei den die Cerebral-Tumoren begleitenden Hintergrundsleiden sich ausnahmslos eine ampullenartige Erweiterung des subduralen Raumes durch eine mehr seröse oder entzündliche Flüssigkeitsmasse vorfinde.

Damit hatte die Erklärung der Stauungspapille aus einer Einschnürung des Sehnerven an seiner Durchtrittsstelle durch die Lamina cribrosa keine Schwierigkeit mehr, für die Papilloretinitis blieb die Ursache der Entzündung noch unaufgeklärt. Die Einen versuchten, sich mit Axel Key's Entdeckung vom Einflusse der Lymphe auf Achsencylinder zu helfen, die Anderen kamen auf Graefe's Neuritis descendens zurück und konnten sich bald auf das Vorkommen der Papilloretinitis bei der basilaren Meningitis, dem Gehirnabscess und vereinzelten anderen Gehirnleiden, bei welchen die intracranielle Drucksteigerung nicht immer nachgewiesen war, stützen. Der Nachweis, dass dieselbe sich aus der Stauung allein entwickeln könne, ist bis jetzt noch nicht gebracht, und deshalb ihr Vorkommen bei cerebralen Tumoren auf entzündliche Vorgänge, welche den Verlauf derselben begleiten, zurückzuführen.

Nach dieser Auffassung würden also zwei verschiedene Augenhintergrundskrankheiten als Folgen cerebraler Tumor-Entwicklung auftreten, aber nur die eine von ihnen wäre im wahren Wortsinne „eine Stauungspapille," die andere entzündlichen Ursprungs und deshalb auch Begleiterin entzündlicher intracranieller Leiden.*)

In neuester Zeit hat sich auch Wernicke (l. c. p. 311) dahin ausgesprochen, dass das Bild der Stauungspapille von dem der fortgeleiteten Meningitis zu unterscheiden sei. Das letztere beschreibt er nach Sectionen von Erwachsenen, die an acuter Meningitis gestorben waren, — sehr ähnlich mit Iwanoff's ebenfalls bei Meningitis beobachteter Retinitis circumpapillaris — wie folgt: Papille roth, mässig geschwollen, Gefässe bis zur Mitte zu verfolgen, Venen erweitert, aber in geringem Grade, der Rand der Papille nicht durch weisse Infiltration der Umgebung verwischt, sondern an der nasalen Seite erkennbar, im Uebri-

---

*) Man würde mich arg missverstehen, wenn man in meiner Auffassung der Stauungspapille eine Opposition gegen Leber finden wollte, dem wir fast Alles, was wir von der pathologischen Anatomie des N. opticus wissen, und manches Klinische (namentlich über Sehnenatrophie, das Farbenscotom etc.) verdanken. Ich weiss sehr wohl, dass pathologisch-anatomisch auch in meiner Stauungspapille entzündliche Veränderungen nachgewiesen sind, aber das Charakteristische des Spiegelbildes und, wie ich glaube, auch der Functionsstörung sehe ich in der venösen Stauung, während ich in dem Bilde der sogenannten entzündlichen Form vom Beginn an die ausgesprochensten Exsudations-Erscheinungen finde. Die Bezeichnung, wie ich sie gewählt habe, zielt mithin nicht auf den Sectionsbefund, sondern auf die den ophthalmoskopischen Veränderungen zu Grunde liegenden Ursachen, in dem einen Falle ein Circulationshemmniss, in dem anderen eine entzündliche Reizung, ab.

gen grauroth in die Umgebung übergehend, Exsudate auf der Papille oder auf ihrem Rande, eine grauweisse, verwaschene Trübung mit den Gefässen in die Retina ausstrahlend, keine Plaques. In einem Falle war die Papille blutroth.

Mit dem auf Sectionsbefunde gestützten Vorschlage des ausgezeichneten Beobachters, dieses Krankheitsbild „*Neuritis descendens*" zu taufen, könnten wir schon einverstanden sein, würden aber seine Beziehungen zur Stauungspapille so lange in suspenso lassen müssen, bis sein Vorkommen bei Gehirn-Tumoren durch Sectionen erwiesen wäre.

Die ganze Controverse über das Verhältniss der intracraniellen Drucksteigerung zu gewissen Erkrankungen der Papille und ihrer nächsten Umgebung ist für die Lehre von den Gehirnkrankheiten wichtig genug, um eine Recapitulation unserer bisherigen Anschauungen zu rechtfertigen:

Die unter Drucksteigerung verlaufenden Gehirnkrankheiten kennzeichnen sich im Auge durch eine von zwei Veränderungen der Papille: die binoculare Stauungspapille oder die binoculare Papilloretinitis. (Von einseitigem Auftreten sind nur zwei Fälle beschrieben.)

Bei weitem am häufigsten ist das Grundleiden der Tumor cerebri, und bei weitem die Mehrzahl aller Tumoren erzeugt die genannten Veränderungen. Sie sowohl, als die Functionsstörung, steigen mit der Höhe des intracraniellen Drucks, daher die häufigen Erblindungen bei Kleinhirn-Tumoren.

Als regelmässigen Befund bei beiden Processen ergibt die Section eine Ausdehnung des Sehnerven-Scheidenraumes durch Arachnoidal-Flüssigkeit. Die Stauung erklärt sich aus Compression des Sehnerven in der Lamina cribrosa, die entzündlichen Veränderungen sind auf Meningitis zurückzuführen (?).

Das Sehvermögen ist, ehe Atrophia papillae eintritt, vom Zustande der Papille wenig abhängig.

Meistens erblindet ein Auge nach dem anderen. Gleichzeitige beiderseitige Erblindung kann von Hydrops der Ventrikel, vom Chiasma, von Gehirn-Oedem herrühren.

Die entzündliche Form ist die häufigere, kommt aber auch bei Meningitis tuberculosa, seltener bei Abscess, Oedem, Hydrocephalus, chronischer basilarer Meningitis vor, *die Stauungspapille ist seltener, aber vielleicht unbedingt pathognomonisch.*

Beide Formen sind, wenn sie binocular auftreten, keine Heerd-Symptome.

Ausserdem gibt es eine Papilloretinitis als Ausdruck der Neuritis descendens (Iwanoff, Wernicke).

2. Nervus opticus.

Bisher war nur von der binocularen Sehnervenerkrankung die Rede. Die monoculare kann ein Heerd-Symptom für Erkrankung des Nervenstammes an der Basis durch Gummata, Tuberkel, Tumoren, Meningitis sein. Um sie sicher zu diagnosticiren, muss man alle Orbital-Affectionen, von denen später die Rede sein wird, ausgeschlossen haben.

Wie oben bemerkt wurde, können die beiden Krankheitsbilder, die einen ausgesprochen entzündlichen Charakter haben, bei der Meningitis tuberculosa, dem Gehirn-Abscess und Oedem, dem idiopathischen Hydrocephalus und der chronischen, basilaren Meningitis beiderseitig zu Stande kommen; bald beiderseitig, bald einseitig, aber immer nur in vereinzelten Ausnahmefällen begegnen wir ihnen bei Blutungen, die nach der Schädelbasis durchbrechen, bei gummösen Producten an der Basis, bei Thrombose des Sinus cavernosus (gleichzeitig mit Protrusio bulbi und Chemosis conjunctivae). Das charakteristische Symptom, das den einzelnen Fällen, gleichviel in welchem Stadium sie zur Beobachtung kommen, etwas Verwandtes gibt und sie von allen anderen Erkrankungen des Sehnerven unterscheidet, ist *die Prominenz der Papille.*

Die demnächst zu besprechenden Entzündungen ähneln alle mehr oder weniger der von Ole Bull beschriebenen Hyperaemia papillae syphilitica, Röthung, peripapilläre Trübung und mässige Venen-Erweiterung sind ihre Initialsymptome, denen früher oder später, wenn nicht vollständige Heilung zu stande kommt, eine weisse Verfärbung zuerst der temporalen Hälfte, später der ganzen Opticusscheibe folgt. Wenn solche Entzündungen auf allgemein anämischer Basis entstehen, oder wenn ihre Ursache gleichzeitig den Blutzufluss zur Papille hemmt, kann die Injectionsröthe und die Venen-Erweiterung fehlen und eine diffuse, meist in die Retina ausstrahlende Trübung das einzige ophthalmoskopische Entzündungssymptom sein.

Als ein Beispiel dieser Gattung sei zunächst ein Fall von *Papillitis nach Erysipelas faciei* beschrieben.*)

Der etwa 30 Jahre alte Kranke hat während eines Erysipelas faciei et capitis bullosum mehrere Tage heftig gefiebert und delirirt. Er suchte meinen Rath etwa drei Wochen nach Beginn der Krankheit wegen einer vor zwei Tagen aufgetretenen linksseitigen Sehstörung.

Se und Farbensinn sind normal, in der Dämmerung $S = 1/10$,

---

*) Derselbe Fall ist von meinem poliklinischen Assistenten Vossius ausführlicher beschrieben und besprochen worden in Zehender, Klin. Monatsblätter 1883.

bei hellem Tageslicht = $^1/_{100}$, geklagt wird über einen weisslichen Nebel am Tage und trotz Emmetropie und normaler Accommodation über Mangel an Ausdauer und Ciliarschmerz beim Fixiren. Die Augen sind nicht injicirt, normal gespannt, die linke Papilla optica durch Injection vieler feiner Gefässe röther, als die rechte, Centralkanal roth, Grenzen im aufrechten Bilde durch eine streifige Trübung verdeckt, grosse Gefässe normal. Bei stark seitlicher Fixation empfindet Patient Schmerz hinter dem Augapfel und sieht gleichnamige Doppelbilder, derselbe Schmerz entsteht beim Hineindrücken des Auges in die Orbita.

Diagnose: Leichte Neuritis optica in Folge von Entzündung des orbitalen Fettzellgewebes.

Therapie: Heurtloup, Einreibungen von grauer Salbe.

Nach 48 Stunden Zunahme der Amblyopie im Hellen, beginnende Papillitis rechts. Therapie: Laxans, Jodkalium. — In den nächsten 8 Tagen zunehmende Verschlechterung, namentlich dichtere Trübung der Grenzen. Therapie: Pilocarpin subcutan.

Zwei Stunden nach der ersten Injection bemerkt Patient eine Besserung seines Sehvermögens, die sich auch objectiv nachweisen lässt. Nach jeder nächsten Injection derselbe Erfolg, nach der zwölften Entlassung mit etwas anämischen Papillen und vollkommen normaler Function.

Bei wiederholten Untersuchungen in Zwischenräumen von mehreren Monaten ist das Spiegelbild constant: grellweisse Farbe, wie bei Atrophie, etwas verminderte Transparenz, Lumen der grossen Gefässe etwas enger, die kleinen fehlen, Ränder scharf, $S > 1$, alle Functionen normal.

Ich glaube nicht, dass man das Bild dieser leichten Entzündung, die selbst während der unter Obliteration kleiner Gefässe erfolgenden Bindegewebsschrumpfung die Sehnervenfasern schont, bei Erysipelas oft antreffen wird; denn in allen abgelaufenen Fällen, die ich sonst beobachtet habe, fand ich Amaurose mit schniger Atrophie der Papille.

Charakteristischer ist das Bild der *Papillitis nach Blutverlusten*. Alle hierauf bezüglichen Angaben lehnen sich an die von v. Graefe beschriebene „Amaurose mit Sehnervenatrophie nach Magenblutungen" an. Nach ihm hat man gefunden, dass auch Blutungen aus anderen Organen dieselbe Folge haben können, aber unbestritten sind die Magenblutungen die bei weitem häufigsten. In den ersten Publicationen ist nur von einer blassen Papille und engen oder normalen Gefässen, von leichter peripa-

2. Nervus opticus.

pillärer Verschleierung und einigen Blutungen die Rede; als man aber Gelegenheit hatte, frühe Stadien zu untersuchen, fand sich als Regel eine weisse diffuse Trübung beider Papillen und ihrer Umgebung mit schnellem Uebergange in Atrophie. Ueber den Grund dieser Entzündung (Blutung oder Entzündung an der Basis cranii) ist nichts bekannt, fest steht, dass sie nicht von der Quantität des ergossenen Blutes abhängig ist, ganz unerklärt ist das häufige Zusammentreffen gerade mit Magenblutungen, wenn man nicht die Blutung und die Neuritis als gemeinschaftliche Folge eines cerebralen Leidens ansehen will.

Unter dem Bilde einer leichten Papillitis mit geringer Theilnahme der Gefässe und frühzeitiger, atrophischer Verfärbung sieht man bisweilen eine Entzündung, deren Ursache Masturbation oder Lactatio nimia zu sein scheint, auftreten, bei letzterer habe ich hie und da gleichzeitig kleine Retinablutungen gefunden. Bald als acute Neuritis, bald als Atrophia papillae, bald als ein apoplectischer Process im Sehnerven und in der Netzhaut enthüllt sich die Amaurose, die in seltenen Fällen der Suppressio mensium durch plötzliche Abkühlung der unteren Körperhälfte oder durch heftige Gemüthserschütterungen nachfolgt, während die von manchen Autoren angenommene Papillitis in Folge von Deviationen des Uterus noch auf schwachen Füssen steht und von Seiten der Gynäkologen keine Beachtung zu geniessen scheint.

Nicht viel weiter reichen unsere Kenntnisse über die *retrobulbäre Neuritis*, die v. Graefe an Stelle der Ischaemia retinae gesetzt wissen wollte, und über die entzündlichen Vorgänge im Nerven, deren Endausgang, die Atrophie, *nach acuten Exanthemen, Typhus abdominalis und exanthematicus, sogar nach Pneumonien* beobachtet ist. Wir helfen uns in Ermangelung einer besseren Hypothese mit der Annahme einer intercurrenten Meningitis, der das schliessliche Aussehen der Papille nicht grade widerspricht.

Wenn ich die Entzündungen der Papille ohne Prominenz mit nur wenigen Worten abgefertigt habe, so mag der Leser bedenken, dass ein Theil der sogenannten Neuritiden seine Erledigung schon bei den Krankheiten der Retina gefunden hat, ein anderer, den wir nur aus seinem Endprodukte kennen, in das nächste Kapitel gehört, und dass die selbständigen Krankheiten des Sehnerven, die weder unter dem Bilde der Papillarschwellung, noch der Papillaratrophie auftreten, mit Ausnahme der Entzündungen nach Blutungen nicht als Symptomcomplexe von origineller, charakteristischer Beschaffenheit, sondern vielmehr als regellose Combinationen einzelner Entzündungserscheinungen, bei denen vorläufig weder von einem Verständniss der Functionsstörungen aus dem ophthalmoskopischen Befunde, noch des Ganzen aus seinen allgemeinen Ursachen die Rede ist, zur Beobachtung gelangen. Ein Theil von ihnen überschreitet den Höhepunkt seiner Entwicklung während einer acuten Krankheit, in deren Verlaufe der Kranke und der Arzt keine Aufforderung zur ophthalmoskopischen Untersuchung gehabt hat, ein anderer steigt und fällt ohne subjective Störung, ohne merkliche Veränderung des Sehvermögens, ein dritter kommt nicht früher zur Perception, als bis durch irgend einen Zufall das binoculare Sehen unterbrochen wird. Die grosse Lücke in unserem Wissen kann nicht anderes, als durch eine regelmässige ophthalmoskopische Untersuchung aller klinischen Kranken, ausgefüllt werden; die jetzige Ausbildung unserer jungen Aerzte stellt einem solchen Unternehmen keine unüberwindlichen Hindernisse entgegen. Inzwischen müssen wir uns mit dem Studium der sogenannten Stauungspapillen und der Atrophie, von der der folgende Abschnitt handeln wird, begnügen.

Die *Atrophia papillae* kennen wir seit der Erfindung des Augenspiegels in zwei sich in ihren classischen, ophthalmoskopischen Bildern scharf von einander unterscheidenden Formen; die eine, aus einer Papilloretinitis mit entzündlicher Bindegewebswucherung hervorgegangene pflegt man die **entzündliche**, die andere, die einem primären Schwund der Nervenfasern zugeschrieben wird, die **genuine** Atrophie zu nennen. Leber trennt in seiner unbestritten vollständigsten, vortrefflichen Monographie über die Krankheiten des N. opticus (Handbuch von Graefe-Saemisch) eine einfache, eine neuritische und eine retinitische Atrophie.

Die Functionsstörungen werden zur Vermeidung von Wiederholungen, ebenso wie die retinitischen, bei den Amblyopien und Amaurosen besprochen werden. Die Form betreffend sticht die gleichmässig sehnig weisse, mitunter leicht convexe, mit ihrer Peripherie in die infiltrirte Retina übergehende, undurchsichtige Papille, deren Arterien sich durch eine fadenförmige Blutsäule und oft gleichzeitig durch eine verbreiterte, weiss eingescheidete Gefässwand, deren Venen sich trotz verengten Lumens durch ihren stark geschlängelten retinalen Verlauf auszeichnen, in allen Punkten gegen den schwach vertieften, weissbläulichen, durchscheinenden, durchaus scharf contourirten Sehnervenquerschnitt, aus dessen Tiefe die degenerirten Nervenbündel der Lamina cribrosa hervorleuchten, während trotz des Fehlens kleiner Gefässe und grosser Blässe die Hauptgefässe in Form, Breite und Farbe normal bleiben können, grell ab.

Aber unter diese beiden Formen fällt nicht die ganze grosse Masse der Atrophien. Es bleiben noch bei deutlich sichtbarer Begrenzung eine Menge Variationen der Farbe, der Transparenz, der Circulation, die auf verschiedene Ernährungsstörungen und, wie die Function lehrt, auf Er-

2. Nervus opticus.

nährungsstörungen allergröbster Art hindeuten, über deren Natur wir mehr vermuthen, als wissen; denn die sichtbaren Veränderungen der kranken Papille gehen so langsam vor sich und so allmählich in einander über, dass wir beispielsweise manchen Tabetiker Monate lang ophthalmoskopiren, ohne mehr, als eine graduelle Steigerung des ersten Befundes, nach längeren Zeitintervallen constatiren zu können.

Von den retinitischen Atrophien, die uns hier nicht weiter beschäftigen sollen, abgesehen, hängen die verschiedenen Nuancen im Bilde der genuinen Atrophie von dem Grade der Transparenz, der Beschaffenheit des Farbenreflexes und von dem Durchmesser der grossen Gefässe ab. Für die Unabhängigkeit der letzteren von atrophischen Processen in den Sehnervenfasern können anatomische Bedingungen, vor Allem der Ort, an welchem das auf der Papille sichtbare grosse Centralgefäss in den Nerven eintritt (etwa $1/2$ Zoll hinter dem hinteren Pole des Auges), entscheidend sein. Wir können uns bei einer Compression des Sehnerven kurz vor dem Chiasma die nervöse Leitung vollkommen unterbrochen, die Nervenfasern von der Compressionsstelle abwärts allmählich fettig degenerirend, also Farbe und Transparenz der Papille sich erheblich verändernd denken, während der Blutlauf in der von der A. ophthalmica abhängigen A. centralis retinae vollkommen normal bleibt. Wenn wir trotzdem bei basalen Processen die Gefässe oft verändert finden, so dürfen wir annehmen, dass eine von dem cerebralen Grundleiden abhängige, intracranielle Drucksteigerung oder descendirende Neuritis für das Aussehen der Papille bestimmend war, ehe sich noch eine directe Compressionsatrophie ausbilden konnte. Als Regel aber lässt sich voraussetzen, dass alle circumscripten Ursachen der Atrophie zwischen Chiasma und Einmündung der A. centralis ein Bild der Papillaratrophie mit normalen Gefässen ergeben müssen.

Die Entstehung der flachen atrophischen Excavation aus allmählichem Schwunde der Achsencylinder stösst, wie mir scheint, auf keine Bedenken, aber die bläulichen oder mehr grauen Tüpfel, deren regelmässige Anordnung an etwas anatomisch Präformirtes erinnert, lassen trotz Arlt's neuesten Erklärungsversuchs für die glaucomatöse Excavation noch verschiedene, keineswegs sicher begründete Deutungen zu. Für manche Fälle scheint mir die graue Degeneration (plaqueförmige Sclerose) überaus wahrscheinlich.

Die Transparenz betreffend dürfte eine Wucherung des intrafasciculären Bindegewebes im Sehnerven mit Compression der Nervenfaser ihren ophthalmoskopischen Ausdruck in einer undurchsichtigen weissen Oberfläche der Papilla optica, ein primärer Zerfall der Sehnervenfaser seinen

Ausdruck in vermehrter Transparenz mit deutlich sichtbarer Lamina cribrosa finden.

Es genügt darauf, dass gerade die letzteren Atrophien zu cerebralen und spinalen Krankheiten, deren pathologische Anatomie nicht abgeschlossen ist, gehören, und dass die grosse Mehrzahl der Sectionen erst viele Jahre nach Ablauf der klinischen Erfahrungen gemacht ist, hinzuweisen, um dem Leser klar zu machen, warum wir aus dem Aussehen der Papille nicht immer auf die Grundkrankheit zu schliessen berechtigt sind. Nichts desto weniger existiren einige zuverlässige Beobachtungen über Beziehungen der Papillaratrophie zu cerebrospinalen und anderen Organerkrankungen, die kurz zusammengefasst werden sollen.

Eine monoculare weisse Papille mit fadenförmigen Gefässen, von denen die Venen nach der Peripherie zu etwas breiter werden, weist auf abgelaufene *Embolie der Centralarterie*, ein ähnliches binoculares Bild ohne die Eigenthümlichkeit der Venen auf *Ischaemia retinae (retrobulbäre Neuritis)* oder *auf kachektische Blutungen*, verminderte Transparenz, mässige Enge der Arterien mit weissen Wandstreifen, mässige Schlängelung der Venen bei undeutlichen Papillengrenzen ohne Prominenz auf *Retinitis albuminurica* und *syphilitica*, geringe Verdünnung der Gefässe bei scharfen Grenzen und verminderter Transparenz auf *Neuritis ohne Retinitis bei Erysipelas, Typhus* etc. Die beiden Formen der *Stauungspapille* hinterlassen eine nicht scharf begrenzte, prominirende, undurchsichtige, weisse Opticusscheibe mit dünnen Gefässen, geradlinigen Arterien und geschlängelten Venen. Aehnlich gestaltet sich das Bild der abgelaufenen *Neuritis nach Bleiintoxication* und der *Thrombose der Centralvene*, die sich auch in späten Stadien noch bisweilen durch Obliteration von Venenstücken gegen andre Atrophien charakterisirt.

All diese Endstadien retinopapillitischer Processe lassen sich aus den eigenthümlichen ophthalmoskopischen Bildern der Anfangsstadien, deren charakteristische Eigenschaften sie beibehalten haben, leicht verstehen. Nicht immer treten sie in gleicher Deutlichkeit auf, nicht immer sind sie nur auf eine Krankheit zu beziehen, enthalten aber in der aufgehobenen Transparenz, der undeutlichen Begrenzung, der Convexität der Papille und der Schlängelung der engen Venen differentiell-diagnostische Symptome von grossem Werthe gegenüber der flachen Excavation, der vermehrten Transparenz der Papille und Sichtbarkeit der Lamina cribrosa, den scharfen Grenzen und den fadenförmigen, geradlinigen Gefässen. An ihnen vorzugsweise wird die genuine von der entzündlichen Atrophie unterschieden. Sehr viel schwerer hält es, für die nicht retinitischen Atrophien Eigenthümlichkeiten des ophthalmoskopischen Bildes aufzu-

2. Nervus opticus.

finden, aus denen sich auf ihre Ursache und Entwicklung schliessen lässt. Den Uebergang bilden die Atrophien bei Hydrocephalus internus, Typhus, Variola, Tuberkeln, Gummata, die wir, wenn die Oberfläche der Papille undurchsichtig, die angrenzende Retina trüb ist, auf descendirende Neuritis, wenn die Papille undurchsichtig, aber scharfrandig, das Lumen der Gefässe verengt ist, auf Compression zu beziehen pflegen.

Eine zweite Gruppe bilden die zahlreichen binocularen Atrophien, die in den Krankheitsbildern *der inselförmigen Gehirn-Sclerose, der progressiven Paralyse, der grauen Hinterstrang- (selten Seitenstrang-) Degeneration, der von Charcot entdeckten Hemiatrophie mit Contracturen (Gehirn-Atrophie)* als wichtige Symptome auftreten. Da ihnen nur die weisse Farbe und scharfe Begrenzung der Papille gemeinschaftlich zu sein pflegt, während sowohl das Lumen der Gefässe, als auch ihre Transparenz von dem grell sehnigen Reflexe bis zur deutlichen Sichtbarkeit der Lamina cribrosa schwankt, liegt es nahe genug, nicht für alle Fälle denselben pathologischen Vorgang im Nerven anzunehmen, aber bis jetzt ist uns wenig davon bekannt. Nur für die graue Degeneration der Hinterstränge darf eine selbständige, von Gehirn und Rückenmark nicht unmittelbar abhängige, heerdförmige Entartung der Sehnervenfasern angenommen werden, weil das Augenleiden der Manifestation der Allgemeinkrankheit bisweilen Jahre lang vorhergeht. Aber warum gerade die Sehnerven so sehr viel häufiger, als andere, warum sie immer binocular ergriffen werden, warum die entfärbte Papille bald eine sehnig weisse Oberfläche, bald die blaugrau punctirte Lamina cribrosa sehen lässt, darauf bleibt uns vorläufig noch die Klinik und die pathologische Anatomie die Antwort schuldig.

Eine dritte, der tabetischen sehr ähnliche Gruppe bilden *die beiderseitigen primären Atrophien ohne nachweisbares Centralleiden.* Schon v. Graefe hat darauf aufmerksam gemacht, dass immer ein Auge nach dem anderen ergriffen wird, dass die Sehnervenfaserbündel des zweiten Auges in derselben Reihenfolge, wie die des ersten, meist die diagonal nasalen zuerst erkranken, und dass der schliessliche Ausgang immer totale Amaurose bei normaler Bewegung und Empfindung der Extremitäten ist, wogegen Charcot früher oder später allgemein tabetische Symptome beobachtet haben will. Aus eigener Erfahrung kann ich über einen sonst vollkommen gesunden Patienten im besten Alter berichten, der in 6 Monaten auf beiden Augen durch Atrophia papillae erblindete und bis zu seinem 22 Jahre später erfolgten Tode keine Symptome eines centralen Nervenleidens erkennen liess, und über eine nicht geringe Zahl ähnlicher Krankheitsfälle, die sich früher der Beobachtung entzogen. Darnach scheint mir die Aetiologie der beiderseitigen primären Atrophie noch keineswegs entschieden zu sein. —

Versuchen wir, zum Schluss der beiden ersten Kapitel, ein Urtheil über die Beziehungen der zahlreichen neuritischen und retinitischen, ophthalmoskopisch erkennbaren Veränderungen zu einander und zu allgemeinen Krankheiten zu gewinnen, so scheint sich Folgendes feststellen zu lassen:

1. *Fast alle diffusen Retinakrankheiten sind gleichzeitig Krankheiten der Papille* (Hyperämie, Anämie, Blutungen, Verstopfungen der grossen Gefässe, Retinitis albuminurica, syphilitica etc.), *haben mithin gleiche Ursachen, gleiche Beziehungen zu Allgemeinleiden.* Obenan steht der locale oder allgemeine atheromatöse Process, die Respirations- und Circulations-Anomalien, die Syphilis, die Albuminurie, der Diabetes mellitus, die septischen Krankheiten, die allgemeinen Kachexien. *Gehirn- und Rückenmarks-Krankheiten scheinen sich in der Retina nicht zu manifestiren.*

2. *Von den unter dem Bilde einer Papillenveränderung auftretenden Krankheiten des Sehnerven sind sowohl die sich auf die nächst angrenzende Retina ausbreitenden* (Stauungspapille, Neuritis descendens, Hyperaemia papillae syphilitica etc.), *als auch die auf die Papille begrenzten* (Neuritis medullaris, Atrophia papillae) *meist cerebralen oder spinalen Ursprunges.* Selbst von den sich gewissen Allgemeinleiden (Typhus, Erysipelas etc.) anschliessenden steht es nicht fest, ob sie direct durch die Einwirkung pathologischer Ernährungsflüssigkeit oder indirect durch Vermittlung orbitaler oder basaler Krankheitsprodukte (circumscripte Meningitis bei Typhus, Rheumatismus, Fettzellgewebsentzündung bei Erysipelas etc.) entstehen.

3. *Von den Krankheiten der Papille sind die mit Prominenz verbundenen, beiderseitigen keine Heerdsymptome.* Die eigentliche Stauungspapille ist eine Folge intracranieller Drucksteigerung, die circumpapilläre Retinitis (Iwanoff, Wernicke) ist eine Neuritis descendens, die entzündliche Stauungspapille gehört der intracraniellen Drucksteigerung (Tumor cerebri), seltner der Meningitis tuberculosa, dem Gehirnabscess, der basilaren Meningitis an.

4. *Die einseitige Stauungspapille, wenn central, ist ein Heerdsymptom.* Dasselbe gilt natürlich für ihren Ausgang in *einseitige entzündliche Atrophie.*

5. *Die einseitige, genuine Atrophie kann ein Heerdsymptom sein.* Ursache: unmittelbare Compression des Sehnerven, Ein-

schnürung durch Gefässe (für das Anfangsstück des Nerven die A. corporis callosi, für den Tractus die A. communicans posterior). Bedingung der letzteren ist vermehrtes Volumen des Gehirns durch Hydrops ventriculorum bis zur straffen Anspannung der Gefässe des Circulus Willisii (Türck bei Wernicke l. c. III p. 265).

6. *Die centralen genuinen Atrophien sind meistens beiderseitig.* Aus ihren verschiedenen Formen lassen sich für die Natur des Grundleidens einige allgemeine Regeln aufstellen: *die undurchsichtige Atrophie mit dünnen Gefässen* gehört als Ende der entzündlichen Bindegewebswucherung an, *die durchsichtige Atrophie mit normalen Gefässen* dem primären Schwund der Sehnervenfasern, *die fleckige Atrophie* (gewöhnlicher mit mässiger Gefässverengung) *der heerdförmigen Sclerose.*

Diese Eintheilung hat den Zweck, den Leser durch das ophthalmoskopische Bild allein auf diejenigen Wege zu führen, auf denen er das Grundleiden zu suchen hat. Selbstverständlich wird er sich demselben im gegebenen Falle nur einerseits durch ein umfassendes allgemeines Examen nähern können, andrerseits durch eine Prüfung anderer Augennerven auf ihre Leistungen. Ehe wir zu diesen übergehen, haben wir die bisherigen Mittheilungen über die Beschaffenheit der Retina und des Opticus noch zu ergänzen durch eine Untersuchung ihrer Function, deren Anomalien wir zusammen zu fassen pflegen in dem Begriffe der

3. Amblyopie und Amaurose.

Unter „Amaurose" verstehe ich jede Erblindung, deren unmittelbare Ursache ausserhalb des Auges ihren Sitz hat.

Das Bild des Augenhintergrundes kann dabei normal oder abnorm sein, wenn nur die Blindheit davon unabhängig ist. Es giebt Amaurosen, denen Stauungspapille oder Atrophie folgt. Sie hören dadurch nicht auf, Amaurosen zu sein.

Einseitige Amaurose setzt vollständige Leitungshemmung in allen nervösen Elementen, die beim monocularen Sehakte betheiligt sind, voraus. Die Anatomie lehrt, dass diese Elemente nur im Sehnervenstamme derselben Seite zwischen Lamina cribrosa und Chiasma zusammen liegen. Auf dieser Strecke ist mithin zunächst die Ursache der einseitigen Amaurose zu suchen.

Ausserdem aber sprechen klinische Erfahrungen noch für *ecrebrale*, *einseitige Amaurosen* und, wie es scheint, sowohl für contralaterale, als auch für gleichseitige.

Die contralaterale, gekreuzte Amaurose hat Charcot beschrieben. Sie kommt bei *Heerden im hinteren Theile der Capsula interna*, durch welche ein Faserbündel vom Fusse des Hirnschenkels nach hinten zwischen Sehhügel und Linsenkern hindurchzieht, um wahrscheinlich in den Occipitallappen zu gelangen (Meinert), nicht übermässig selten vor. Ist die Amaurose unvollkommen, so besteht die Sehstörung in einer concentrischen Einengung des Sehfeldes und einer Anomalie der Farbenperception, immer aber ist, wie Landolt ermittelt hat, auch das zweite Auge in derselben Form, wenn auch in geringerem Grade amblyopisch. Also: doppelseitige Functionsstörung, überwiegend auf dem contralateralen Auge. Die Diagnose darf nur gestellt werden, wenn die ganze contralaterale Körperhälfte incl. der Sinnesorgane anästhetisch, und Hysterie auszuschliessen ist.

Von gleichseitiger Amblyopia amaurotica ist, wenn ich nicht irre, der einzige Fall von Dr. Hassenstein beschrieben worden. Ich habe das Ende des Verlaufes möglichst vorurtheilsfrei beobachtet.

Es handelte sich um eine während eines Jahres allmählich und paroxysmenweise wachsende Abnahme des linksseitigen Sehvermögens. Ursache war ein stumpfes Trauma des linken Scheitelbeines, dem stürmische, einer antiphlogistischen Behandlung prompt weichende Cerebralsymptome folgten; zurück blieben atypische Neuralgien von der kranken Stelle aus, lebhafter Schmerz bei Berührung, während der Schmerzanfälle subjectives Rothsehen oder Obscurationen, die nicht vollkommen wichen, schneller Verfall der Willensenergie, des Gedächtnisses, der intellectuellen Ausdauer. Die Motilität und Sensibilität hatte wenig gelitten.

Nach vergeblichen therapeutischen Versuchen wurde Trepanation an der durch Vertiefung und Empfindlichkeit erkennbaren Verletzungsstelle vorgeschlagen, von den Eltern und der Kranken selbst bewilligt, von meinem Kollegen Schoenborn in tiefer Narkose vortrefflich ausgeführt. Sofort nach der Excision eines zum Theil sclerotischen Knochenstückes und Trennung einer Verwachsung der Dura mit dem Wundrande unter Ausfluss einer geringen Menge fast klarer Cerebrospinalflüssigkeit erkannte die Kranke die Zahl der Finger, nach 8 Tagen hatte sie normale Functionen.

Mit der hysterischen Amblyopie, die später folgen wird, hat unser Fall wenig Aehnlichkeit, die Functionsstörung ist unklar, wenn man nicht aus den von Trigeminus-Aesten der Dura herrührenden Reizzuständen (Schmerzparoxysmen) das Sistiren der Opticus-Function herleiten will.

3. Amblyopie und Amaurose.

Die lange Dauer und die freien Intervalle sprechen nicht grade dafür. Auch Charcot's Beobachtungen sind noch nicht erklärt, wiewohl der Erklärung weit mehr genähert. Sie sowohl, wie die orbitalen und basalen einseitigen Erblindungen, lassen uns in ihnen ein ausgesprochenes Heerdsymptom erkennen. — *Doppelseitige Amaurose* kann plötzlich durch grosse Chiasma-Apoplexien oder durch Durchbruch von Blutungen in beide Sehsphären, allmählich durch Flüssigkeitsansammlung im Recessus opticus des dritten Ventrikels mit Compression des Chiasma, durch beiderseitige Druck-Atrophie der Nervenstämme oder Tractus zu Stande kommen. Diffuse Convexitäts-Meningitis, Oedem der Hirnrinde, intracranielle Drucksteigerung (namentlich bei Tumoren des Kleinhirns) werden unter Umständen die Erregungen des Gesichtssinnes nicht zum Bewusstsein kommen lassen. Die drei letzten Processe haben meist Hyperämie, Schwellung, Entzündung der Papille zur Folge, aber die ophthalmoskopischen Veränderungen sind hier eben so wenig Ursache der Amaurose, wie bei den Krankheiten der vorderen Corpora quadrigemina, zu denen Neuritis und beiderseitige Erblindung zu gehören pflegt. Vielleicht noch seltener darf man annehmen, dass beide Sehnerven oder beide Tractus gleichzeitig und vollkommen aus ein und derselben Ursache leitungsunfähig werden, oder dass durch sclerotische Processe, die bekanntlich meist in Heerdform auftreten, Erblindung anders, als sehr allmählich, und unter dem Bilde der progressiven Opticus-Atrophie zu Stande kommen wird.

Die centralen Ursachen der totalen Amaurose sind mithin von sehr verschiedener Art: bald handelt es sich um acute, diffuse Erkrankungen der Gehirnrinde, bald um circumscripte Heerde, die sämmtliche Sehnervenfasern beider Augen einschliessen, bald um chronische Degeneration der leitenden Elemente. Im ersten Falle pflegen die sogenannten Stauungssymptome an der Papille nicht zu fehlen, sie sind aber nicht die Ursachen der Functionsstörung, sondern ihr coordinirte Folgen der Drucksteigerung resp. Entzündung, im zweiten Falle ist der Hintergrund normal, im dritten endlich die Atrophie der Papillen entweder für sich allein oder gewöhnlich in Verbindung mit Atrophie der Nerven und der Tractus die Bedingung der allmählich von der partiellen zur totalen wachsenden Amaurose.

An diese anatomisch mehr weniger sicher bestimmbaren Amaurosen schliessen sich andere, welche theils wegen ihrer Flüchtigkeit, theils wegen negativer Sectionsbefunde jedem Versuche der Localisirung Trotz bieten. Wir helfen uns damit, bald eine abnorme Blutbeschaffenheit, bald vorübergehende Fluxionen, bald diffuse Gefässanomalien anzuschuldigen,

ohne damit einen Schritt vorwärts zu kommen. Die bekannteste und häufigste ist
die urämische Amaurose. Sie befällt beide Augen in Paroxysmen, bei denen gewöhnlich auch die quantitative Lichtempfindung verloren geht, und endet mit Herstellung der normalen Function in 2—3 Tagen, während deren die ophthalmoskopische Untersuchung ein negatives Resultat gibt. Die Reaction der Pupillen kann aufgehoben oder trotz Blindheit erhalten sein; im ersten Falle verlegen wir die Leitungsunterbrechung hinter die Communicationsstelle zwischen N. opticus und Corpora quadrigemina, im letzteren vor dieselbe. Das Organleiden, in dessen Verlaufe die Amaurose auftreten kann, ist acute croupöse Nephritis, Schrumpfniere, chronische Entzündung, das Nierenleiden der Schwangeren und Gebärenden, in dessen Gefolge Eclampsie auftritt, aber nicht die amyloide Degeneration. Kopfschmerz, Erbrechen, Bewusstlosigkeit, mitunter Coma sind die begleitenden Symptome. Den Zusammenhang zwischen Nierenleiden und der centralen Lähmung hat Frerichs bekanntlich in einer Intoxication durch kohlensaures Ammoniak, Traube in dem gesteigerten Aortendruck und der Anämie des Gehirns zu finden geglaubt, Bartels hat auch nach starken Diarrhöen und Schweissen, bei denen hydropische Flüssigkeit rasch resorbirt wird, Amaurose beobachtet. An einem Beweise für die eine oder andere Hypothese fehlt es noch (confer Foerster l. c.). Bekanntlich hat die urämische Amaurose mit der Retinitis albuminurica, die anfangs nur geringe Sehstörungen macht, nichts gemein, aber sie können sich bei demselben Individuum ablösen und selbst gleichzeitig bestehen. So erinnere ich mich einer gravida, die während starker Albuminurie und Anasarca unter heftigem Kopfschmerz und Erbrechen auf 24 Stunden erblindete, am nächsten Tage die Objecte undeutlich und grün, am dritten Tage in normaler Farbe sah. Grade mit eintretender Besserung erschienen im Hintergrunde die ersten Plaques und Blutungen.

Von keiner anderen Amaurose aus allgemeinen Gründen ist das Krankheitsbild so gut bekannt, als von der urämischen. Alle anderen sind viel seltener und geben weniger Angriffspunkte für haltbare Hypothesen. Die wenigen, unter Cerebralsymptomen entstandenen **Amaurosen im Verlaufe von Masern** werden auf eine cerebrale Ursache bezogen, wenngleich der Ausgang in allmähliche, vollständige Genesung Zweifeln Raum lässt. Dasselbe gilt für die **transitorischen syphilitischen Amaurosen**, die mit Schwindel, Aphasie, Kopfschmerz, Augenmuskellähmungen auftreten und durch ihre grosse Wandelbarkeit ausgezeichnet sind. In Ermangelung eines ophthalmoskopischen Befundes am Nerven nimmt man seine Zuflucht zu Heubner's syphilitischer Erkrankung der Gehirnarterien, um aus ihr die vorübergehende Insufficienz grösserer oder kleinerer Ernährungsgefässe herzuleiten. Auf cerebrale Circulations-Anomalien schiebt man beiderseitige, gleichmässige Amblyopien, von denen Leute, die an alter *Plethora abdominalis* leiden, befallen werden.

Ich hatte einem älteren Beamten, der in den letzten Jahren seine gewohnte Carlsbader Cur ausgesetzt hatte, als er plötzlich von hochgradiger Amblyopie ohne Befund befallen wurde, Carlsbad verordnet. Er wandte sich unterwegs an Graefe und unterwarf sich in dessen Klinik ohne Erfolg einer local antiphlogistischen und ableitenden Behandlung. Gegen Ende derselben brach er eines Tages, als er einen Spaziergang unternehmen wollte, im Corridor bewusstlos zusammen. Als er wieder zu sich kam, war er sehr stark icterisch, sein normales Sehvermögen war plötzlich wiedergekehrt und blieb seitdem unverändert.

Ob man *die transitorischen Erblindungen bei Typhus* der Kinder in dieselbe Kategorie oder mit den *Amaurosen bei Malaria*, die bisweilen durch Chinin geheilt werden, unter die Intoxicationen zählen soll, ist ungewiss, jedenfalls beweist ihre Flüchtigkeit, dass sie mit den *circumscripten Meningitiden* im Verlaufe des Typhus, denen Opticus-Atrophie folgt, nichts zu thun haben. Für diese letzteren zeigt sich gerade die Gegend des Chiasma als eine besonders prädisponirte, mithin totale Amaurose als ihre gewöhnliche Folge.

Die Untersuchung der *Amblyopie*, der v. Graefe mit seiner bewunderungswerthen Arbeit über „die Grenzen des Gesichtsfeldes bei amblyopischen Affectionen" eine neue Bahn gebrochen, hat die Aufgabe, aus der Art der Functionsstörung den Krankheitsheerd zu bestimmen. Dass wir diese Aufgabe innerhalb gewisser Grenzen zu lösen vermögen, dafür liefern uns Vergleiche von Functionsstörungen mit ophthalmoskopischen Befunden täglich den Beweis.

Es fragt sich aber, wie weit wir mit unseren Schlüssen reichen, wo es sich nicht um Krankheiten des Augenhintergrundes, sondern um solche der Sehnerven, der Tractus optici etc. bis zum Occipitallappen handelt. Die einfachste Überlegung sagt uns, dass wir auf diesem Gebiete a priori nur sehr wenig entscheiden können; denn so sicher wir von jedem Punkte der Netzhaut angeben können, welcher Gesichtsfelddefect seiner Zerstörung entsprechen muss, so wenig sind wir es für beliebige Nervenfaserbündel oder Cortexgebiete im Stande. Nur für das centrale Scotom kennt man durch Samelsohn und Nettleship die Lage der degenerirten

Nervenfasern bis zum Foramen opticum der Orbita, durch Vossius bis zum Chiasma.

Erst von genaueren Functionsprüfungen im Vergleiche mit eindeutigen Sectionsbefunden ist mithin allmählich das Material zu erwarten, das uns eine topographische Gehirn-Diagnose aus der Beschaffenheit der Sehstörungen gestattet. Dass die neuere Zeit auch auf diesem Gebiete nicht erfolglos gearbeitet hat, wenngleich vieles Unverstandene der Zukunft zu enthüllen bleibt, wird sich weiterhin ergeben.

Alle unsere bisherigen Beobachtungen und Erfahrungen haben nur das Verhalten des Raumsinnes zum Gegenstande. Die Versuche, für den Licht- und Farbensinn bestimmte Centren zu finden, sind über die ersten Stadien nicht hinausgekommen und haben auch die Frage, ob die Annahme solcher Centren für die Erklärung der Erscheinungen nothwendig sei, nicht entschieden.

Den *Raumsinn* betreffend darf man wohl im allgemeinen von dem Satze, dass der Grad der Amblyopie dem Grade der Leitungsstörung proportional sei, ausgehen. Denselben als richtig vorausgesetzt, müssen alle diffusen Amblyopien ohne Gesichtsfeldbeschränkung als mehr weniger centrale angesehen werden (bei jeder gleichgradigen Leitungshemmung vom Centrum bis zur Peripherie müsste selbstverständlich, sobald dieselbe ein gewisses Minimum überschreitet, die Function der äussersten Peripherie = 0 werden). Für die Ortsbestimmung einer Cerebralkrankheit ist der Grad der Amblyopie gleichgültig, ihre Form allein von Bedeutung.

Die Form der Amblyopie erlaubt aber auch noch einige Schlüsse auf das Stadium und den Charakter der Grundkrankheit. Die allgemeinen Unterschiede im Auftreten der Apoplexien, der Tumoren, der Erweichung etc. lehren uns neuropathologische Schriften kennen; auf einen speciell der Ophthalmologie angehörenden aufmerksam zu machen dürfte hier der Ort sein. Wo Gesichtsfelddefecte durch eine amblyopische Nachbarzone in ein normal empfundenes Gesichtsfeld übergehen, wird man entweder ein progressives Leiden oder einen Heerd mit schwach betheiligter Nachbarschaft annehmen. Ein Beispiel für den ersten Fall ist die progressive Sehnervenatrophie, für den letzteren etwa eine circumscripte Blutung ins Chiasma, durch die einige Nervenfasern zerstört, benachbarte paretisch werden, während der Rest unversehrt bleibt.

Scharf abschneidende Gesichtsfelddefecte bedeuten entweder circumscripte partielle Zerstörungen (centrales Scotom, particlle Zerstörung eines Tractus durch Apoplexie oder Embolie) oder totale Leitungshemmung aller dem Sehakte dienenden Fasern in einer Gehirnhälfte. Da nämlich die

3. Amblyopie und Amaurose.

rechte Gehirnhälfte das linke, die linke das rechte Gesichtsfeld beider Augen beherrscht, muss der Ausfall einer Gehirnhälfte ohne jeden Einfluss auf die Sehschärfe des ihm nicht zugehörigen Gesichtsfeldes sein. Diese Eigenthümlichkeit der Begrenzung ist mit das wichtigste Symptom für eine Amblyopie, die in der Pathologie der Gehirnkrankheiten unter den functionellen Abnormitäten eine gleiche Bedeutung, wie die Stauungspapille unter den ophthalmoskopischen, hat für
die laterale Hemiopie (Hemianopsie). Im strengen Wortsinne wird darunter verstanden: das Fehlen der rechten oder linken Hälfte des binokularen Gesichtsfeldes oder — für jedes Auge einzeln bestimmt — die Erblindung der nasalen Hälfte der einen, der temporalen Hälfte der anderen Retina. Da nun die Empfindungsgrenzen der temporalen Retina erheblich enger, als die nasalen, sind, können sich die perimetrischen Aufnahmen der beiden Gesichtsfelddefecte nicht decken, müssen sich vielmehr zu einem normalen Gesammtgesichtsfelde ergänzen.

Die Gesichtsfeldgrenzen der gesunden Seite und das centrale Sehen auf beiden Augen sind normal. Aus diesem Verhalten des centralen Sehens folgt, dass jede Macula lutea und speciell jede Fovea centralis Nervenfasern von dem Fasciculus lateralis des gleichseitigen und dem Fasciculus cruciatus des contralateralen Tractus erhält.

Die Grenze des Defectes gegen die gesunde Hälfte betreffend gilt ausnahmslos, dass dieselbe niemals eine durch den Fixirpunkt gezogene Verticallinie überschreitet, sie kann aber vertical oder schräg vor dieselbe fallen und durch eine normal empfindende oder amblyopische Zone von ihr getrennt sein. Endlich können anstatt zweier Hälften nur zwei symmetrisch gelegene Quadranten oder beliebige symmetrische Zonen in der Continuität oder an der Grenze des Gesichtsfeldes functionsunfähig sein, d. h. die in einer Gehirnhälfte dicht neben einander liegenden Nervenfasern für die associirten Netzhauthälften beider Augen können sämmtlich oder nur theilweise ausser Function sein. Selbstverständlich passt für Defecte der letzteren Art die Bezeichnung Hemiopie nicht mehr genau, man nennt sie hemiopische oder symmetrische Defecte.

Für alle diese Defecte hat die klinische Erfahrung festgestellt:
1. dass sie gleichzeitig auf beiden Augen auftreten und, wenn sie nicht stationär bleiben, gleichzeitig und symmetrisch zurückgehen, d. h. dass je zwei symmetrische Punkte beider Netzhäute entweder in eine Faser auslaufen, oder dass je zwei Fasern für beide Augen im Gehirn unmittelbar neben einander liegen, 2. dass sie meistens plötzlich auftreten, verbunden mit Hemiplegie, mitunter mit Facialislähmung derselben Seite, und dass die rechtsseitige oft von einer aphasischen Sprachstörung (Fehlen

des Buchstabengedächtnisses oder Unvermögen der Lautbildung) begleitet ist, d. h. dass sie einen Heerd in der contralateralen Gehirnhälfte (wenn linkerseits, so in Beziehung zum Sprachcentrum) meist apoplectischer oder embolischer Art voraussetzen.

Die Literatur der durch Section bestätigten Fälle findet sich in neuropathologischen bekannten Lehrbüchern bei Nothnagel*) und Wernicke,**) in ophthalmologischen Monographien bei Mauthner***) und mit besonderer Berücksichtigung der von ihm aufgestellten Centren für den Licht-, Raum- und Farbensinn bei Wilbrand.†) In Bezug auf die Differential-Diagnose zwischen Heerden im Tractus, im Pulvinar, in den Markstrahlungen, der Rinde verweise ich auf das Original von Wilbrand, der aus dem vorläufig noch zu kleinen Sectionsmaterial seine Schlussfolgerungen auf die charakteristischen Symptome mit grossem Fleiss und gesunder Kritik gezogen hat. In wie weit dieselben auf Allgemeingültigkeit Anspruch machen dürfen, werden weitere Erfahrungen lehren. Auf die Frage, ob die Annahme separater Centren nothwendig sei, oder ob die verschiedenen Arten unserer Gesichtsempfindung sich aus verschiedenen Erregungszuständen derselben Elemente erklären lassen, kann an diesem Orte nicht näher eingegangen werden.

So viel aber lehrt der anatomische Verlauf der Nervenfasern (cfr. Einleitung) und die klinische Erfahrung, dass wir in der lateralen Hemiopie und den symmetrischen Gesichtsfeld-Defecten ein untrügliches Heerdsymptom für contralaterale Gehirnkrankheiten besitzen, und dass wir den Sitz des Heerdes aufwärts vom Chiasma bis zur Sehsphäre des Occipitallappens in dem Zuge der Sehnervenfasern zu suchen haben.††)

---

*) Nothnagel, Topische Diagnostik der Gehirnkrankheiten. 1879.
**) Wernicke, Hirngeschwülste. 1881.
***) Mauthner, Gehirn und Auge. 1881.
†) Wilbrand, Ophthalmologische Beiträge zur Diagnostik der Gehirnkrankheiten. 1884.
††) Mit Wahrscheinlichkeit ist für eine präcisere Bestimmung der Diagnose Folgendes anzunehmen:
1. Die Hemiopie wird um so eher zwei ganze Hälften umfassen, um so completer sein, je näher alle Fasern beisammen liegen, wie im Tractus und im Pulvinar, während die incompleten eher auf die Markstrahlungen und die Rinde hinweisen. Trotzdem besteht eine Beobachtung von incompleter Hemiopie bei einem Heerde im Tractus.
2. Subjective Lichtempfindungen gehen wahrscheinlich von der Rinde aus. Beiderseitige Tractus-Hemiopie ohne Phosphene spricht deshalb für corticale, symmetrische Heerde.

Dem Wesen nach der lateralen (homonymen) Hemiopie nahe verwandt ist das von Foerster (l. c. p. 121) genau studirte und vortrefflich beschriebene *Flimmerscotom (Amaurosis partialis fugax)*, das schon durch häufige Complication mit „Migräne, Uebelkeit, Gedächtnisschwäche, Erschwerung der Sprache, motorischen Störungen, Unlust zu geistiger Arbeit" seinen cerebralen Ursprung verräth. Der meist in 15—25 Minuten beendete Anfall beginnt mit einem beiderseitigen symmetrischen, vom Fixationspunkt peripher gelegenen Defecte, der leicht übersehen wird, weil er den Charakter eines negativen Scotoms hat, sich schnell nach dem Fixirpunkt vergrössert, ohne ihn zu erreichen, und dann von einer zitternden oder zickzackförmigen Lichterscheinung, welche die Aufmerksamkeit des Patienten vollkommen in Anspruch nimmt, gefolgt wird. Die flimmernde Zone umschliesst anfangs den Defect, vergrössert sich dann langsam centrifugal und wird zum Bogen, der die verticalen Trennungslinien meist nicht überschreitet und seine Convexität auf dem einen Auge nach aussen, auf dem anderen nach innen der Peripherie des Gesichtsfeldes zuwendet. Hat er diese erreicht, so erlischt er allmählich, während der Defect einige Minuten länger bleibt, sich dann verkleinert und verschwindet. Zwischen dem Defect und der leuchtenden Zone kann noch ein Raum bleiben, in dem Objekte gesehen werden, bisweilen aber entwickelt sich der Defect zu einer vollständigen Hemiopie. In einem Falle, in dem beim Beginne des Flimmerns der Defect links lag, fehlten nach

---

3. Die Reaction der Pupille auf Licht hängt mit davon ab, ob die Leitungsunterbrechung vor oder hinter dem Abgang der Nervenfasern zu den Corpora quadrigemina stattfindet. Reagirt die Pupille bei Beleuchtung der blinden Retinahälfte, so wird man deshalb den Heerd hinter dieser Stelle zu suchen haben. Bei doppelseitiger Tractus-Hemiopie sind die Pupillen starr.

4. Doppelseitige Hemiopie, wenn sie plötzlich auftritt, lässt symmetrische Cortex-Blutungen oder Embolien annehmen. Erkrankt bei einseitiger Hemiopie die zweite Hälfte allmählich, so ist an progressive Degeneration vom Tractus auf das Chiasma abwärts zu denken.

5. Leichte, gleichzeitige Hemiplegie oder Hemianästhesie spricht für das Pulvinar, nimmt ausserdem der Facialis und Hypoglossus Theil, so ist ein Heerd in den Markstrahlungen wahrscheinlicher, allmähliche Lähmung anderer Gehirnnerven kann von einem basalen Tumor herrühren, Fehlen jedes sonstigen Heerdsymptomes vom Occipitallappen.

6. Heerde in der Rinde, die bis zu einer gewissen Tiefe eindringen, sollen im hemiopischen Theile des Gesichtsfeldes jede Function aufheben, oberflächlichere den Licht- und Raumsinn oder nur den Lichtsinn frei lassen und den Farbensinn allein oder den Farben- und Raumsinn lähmen. Zu Grunde gelegt ist eine Hypothese von drei über einander liegenden Centren für Licht-, Raum- und Farbensinn (Wilbrand).

Beendigung des Anfalls 2—3 Buchstaben nach rechts vom fixirten; ein solches Hinüberwandern in das Gebiet des anderen Tractus hält Foerster nur dadurch für erklärbar, dass der eigentliche Heerd nicht in einem Tractus, sondern da, wo beide sich central verbinden, zu suchen sei.

Ich habe zum grossen Theil Foerster's eigene Worte wiedergegeben, weil sie meinen Erfahrungen genau entsprechen, nur das Hinüberwandern zu beobachten habe ich keine Gelegenheit gehabt. Vorübergehende Formicationen in einem Arme, vorübergehende aphasische Störungen habe ich relativ oft dabei erlebt, mitunter leitete die Erscheinung einen Migräne-Anfall ein, mitunter vicariirte sie für einen solchen, schien auch wohl durch 1—2 Dosen Natron salycilicum (1 g) sofort gemildert oder schnell coupirt zu werden. Ihre Verwandtschaft mit der lateralen Hemiopie scheint mir zweifellos, als Vorboten ernster Cerebralleiden (Erweichung) habe ich sie nur zweimal beobachtet.

Die *temporale Hemiopie* (Fehlen des temporalen Gesichtsfeldes, der nasalen Retina-Hälften) unterscheidet sich von der lateralen in allen Beziehungen, sie tritt selten plötzlich auf, die Trennungslinie geht nicht durch den Fixirpunkt, die fehlenden Gesichtsfeldhälften sind nicht gleich gross (wie sie es doch sein müssten, da beide den nasalen Netzhauthälften entsprechen), der Defect geht von Anfang an oder allmählich in das Gesunde, in das Gebiet der temporalen Netzhaut über; so kommt es zu Hemiopie auf einer, zu Amaurose auf der anderen Seite, oder die beiderseitigen Hemiopien verbreitern sich zu binocularer Amaurose.

Der Heerd der temporalen Hemiopie ist zu suchen, wo die Nervenfasern der nasalen Netzhäute, die in den Fasciculi cruciati enthalten sind, zusammen liegen, im Chiasma nervorum opticorum. Die Verschiedenheit des Symptomencomplexes von dem der lateralen Hemiopie begreift sich leicht, wenn wir erwägen, dass das Chiasma nicht nur die nasalen, sondern neben ihnen auch die temporalen Netzhautfasern enthält, dass bei der anatomischen Anordnung derselben ein Krankheitsprocess, der nur die nasalen lähmte, kaum denkbar, und die Ausbreitung der Lähmung auf die temporalen bei jedem wachsenden Krankheitsproducte, sei es ein Tumor, Gumma, Tuberkel oder ein entzündliches, unvermeidlich ist. Grade von der anatomisch bedingten Begrenzung der lateralen Functionsstörung auf eine Seite findet bei der temporalen das Gegentheil statt.

Sectionsbefunde von Tumoren im Chiasma bei temporaler Hemiopie existiren, aber die Zahl der Sectionen ist gering, weil die Grundleiden selten tödtlich sind. Eine Anzahl Beobachtungen theils von geheilter, theils von vorübergehender und wiederkehrender Hemiopie ist unerklärt. Der Krankheitsprocess ist an die Basis zu verlegen. Wenn begleitende

3. Amblyopie und Amaurose.

Erscheinungen sich zeigen, so sind es nicht die Hemiplegie und Aphasie, sondern allgemeine Gehirnsymptome (Schwindel, Kopfschmerz etc.) und Lähmungen von Nerven in ihrem basalen Verlaufe. Das ophthalmoskopische Bild beider Hemiopien scheint nicht constant zu sein. Anfangs sehen die Papillen normal aus, später kann atrophische Verfärbung eintreten. Die Ansicht, dass nur die Fasern des Fasciculus cruciatus für die Farbe der Papille entscheiden, weil sie ihre Oberfläche einnehmen, würde für die rechtsseitige laterale Hemiopie (Heerd in der linken Gehirnhälfte) ein atrophisches Aussehen der rechten Papille, für die temporale beiderseitiges, atrophisches Aussehen ergeben. Bisher fehlt es noch an genügenden Bestätigungen, zu denen ich aus eigenen Erfahrungen keinen positiven Beitrag liefern kann.

Das centrale Scotom, das nicht von Krankheiten der Macula herrührt, nicht als dunkle Stelle im hellen Gesichtsfelde erscheint, sondern einer nicht sehenden Hintergrundpartie (gleich dem Mariotte'schen Fleck) oder mindestens einer schwach sehenden entspricht (Foerster's negatives Scotom), ist auf eine Leitungshemmung in den zur Macula gehörenden Sehnervenfasern zu beziehen. Je nachdem dasselbe unvollständig oder vollständig ist, werden in seinem Bereiche nur die Farben nicht erkannt (Farben-Scotom, meist zuerst für Roth oder Grün), oder Gegenstände überhaupt nicht wahrgenommen. Durch einen von Samelsohn bis zur Section genau verfolgten Fall ist nachgewiesen, dass innerhalb des sonst gesunden Sehnervenstammes eine Gruppe zusammenliegender Fasern für sich allein degeneriren kann. Es ist um so wahrscheinlicher geworden, dass diese Fasern, die am Foramen opticum orbitae central-, später mehr und mehr temporalwärts im Opticus liegen, der Macula angehören, da bald darauf Nettleship einen ähnlichen Befund bei Scotoma centrale veröffentlichte, Vossius in einem dritten Falle die Resultate seiner Vorgänger bestätigen und die atrophischen Fasern bis ins Chiasma verfolgen konnte. Damit ist für die Intoxications-Amblyopien, die sich durch ein centrales Scotom bei normaler Peripherie und normalem ophthalmoskopischem Befunde charakterisiren, der Krankheitsprocess (Neuritis der Maculafasern mit Ausgang in Atrophie) gefunden, und es bleibt nur abzuwarten, ob fernere Sectionen den Befund regelmässig bestätigen werden. Dass der Krankheitsheerd im Foramen opticum zu suchen ist, kann nach den Untersuchungen von Samelsohn, Vossius und Uhtoff nicht bezweifelt werden. Die Krankheit kann heilen, ehe sie die Papille erreicht hat; wird diese in Mitleidenschaft gezogen, so entfärbt sich zuerst die temporale Hälfte, durch welche bekanntlich die Maculafasern ihren Verlauf nehmen, später dehnt sich der Process über sämmtliche Nervenfasern aus, bis die Intoxications-Amblyopie sich endlich in Amaurose mit Atrophia optica verwandelt. — Die *peripheren* Defecte werden wahrscheinlich von den Kranken meistens übersehen, wo sie nicht, wie z. B. bei Amotio retinae, retinalen Ursprunges sind und als positive Scotome empfunden werden. Wenn sie den Charakter negativer Scotome haben, wie es bei allen Leitungshemmungen im nervösen Apparate die Regel zu sein scheint, melden sich die Patienten nicht, ehe sie durch subjective Lichterscheinungen oder durch Abnahme des Sehvermögens (sc. des centralen) beunruhigt werden. Dann zeigt der Spiegel gewöhnlich schon das Bild partieller Papillen-Atrophie, und wir sind ausser Stande zu bestimmen, ob die Functionsstörungen von pathologischen Veränderungen der Achsencylinder oder des Sehnervenstammes herrühren. Deshalb sind wir genöthigt, bei der Untersuchung des Verhältnisses zwischen Amblyopie und Sehnervenleiden den Einfluss der atrophischen Papille mit in den Kauf zu nehmen, ohne ihren Antheil bestimmen zu können.

In Bezug auf das Sehvermögen bei Atrophia papillae steht fest: 1) dass meist eine Abnahme des centralen Sehens und ein unregelmässiger, peripherer Defect gleichzeitig bestehen; 2) dass das periphere Sehen schneller, als das centrale, abnimmt und zwar bald von einer, bald von der anderen Gesichtsfeldseite her; 3) dass in sehr seltenen Fällen das Centrum und seine nächste Umgebung fast normal functionirt, während die ganze Peripherie erblindet ist (minimales Gesichtsfeld); 4) dass der Erblindung jeder peripheren Zone ein Erlöschen der Farbenperception zuerst für Grün, dann für Roth, dann für Blau (mit heidelberger Blumenpapieren bestimmt) vorhergeht.

Aus diesen Thatsachen würden wir auf die Verbreitung der Krankheitsprocesse im Nervenstamme (um ihn und nicht um den Tractus handelt es sich wohl meistens, da die Sehstörungen einseitig und sicher nicht immer symmetrisch auftreten) schliessen können, wenn unsere Gesichtsfelduntersuchungen so genau, wie die des centralen Sehens, wären, d. h. wenn für jeden Punkt der Peripherie genaue Bestimmungen der Sehschärfe gemacht werden könnten. Daran fehlt es nicht allein, weil Massenuntersuchungen dieser Art ungemein zeitraubend sein würden, sondern vorzugsweise, weil wir noch keine exacten Untersuchungsmethoden haben, und weil die Durchschnittsleistungen peripherer Netzhautzonen innerhalb sehr beträchtlicher, zum Theil von Uebung abhängiger Grenzen schwanken. So lange wir aber die geringen Amblyopien mittlerer Netzhautzonen nicht bestimmen können, dürfen wir aus einem peripheren Defect und herabgesetztem centralen Sehen nicht folgern, dass nur die peripheren und die Macula-Fasern des Nervenstammes erkrankt sind; denn die nach der Peripherie zu progressiv abnehmende Leitungsfähigkeit der Nervenfasern wird bei einer gleichmässigen Leitungshemmung im ganzen Nerven an der äussersten Peripherie schon einen vollständigen Defect entstehen lassen können, während die angrenzenden, nicht weniger erkrankten Fasern noch functioniren. Die Ungleichheit der Function im ganzen Gesichtsfelde beruht dann nicht auf einer ungleichmässig verbreiteten Krankheit, sondern auf einer ungleich genauen Untersuchung; während die schwach empfindende Peripherie schon bei geringen Störungen den Dienst versagt, die scharf sehende Macula die geringsten Herabsetzungen ihrer Perceptionsfähigkeit sofort erkennen lässt, behalten die mittleren Zonen einen Theil ihrer Function, ohne dass die Kranken im Stande sind, sich der Differenz bewusst zu werden, der Arzt, sie objectiv nachzuweisen.

Man darf deshalb die oben angegebenen Arten der Functionsstörung vielleicht dahin deuten: 1) dass gewisse Krankheitsprocesse gleichzeitig den ganzen Sehnervenstamm befallen, aber nicht gleichmässig, sondern vorwiegend von irgend einer Stelle der Peripherie her; 2) dass dieselben centripetal fortschreiten; denn das centrale Sehen bleibt nicht nur absolut, sondern auch relativ im Verhältniss zum peripheren besser erhalten; 3) dass in seltenen Fällen der Process an den Macula-Fasern Halt macht (Gegensatz zum centralen Scotom); 4) dass in der kranken Nervenfaser die Leitungsfähigkeit für Farbeneindrücke nicht gleichzeitig, sondern nach einem feststehenden Gesetze für die verschiedenen Farben in einer bestimmten Reihenfolge erlischt. Diejenigen, welche zur Erklärung unserer Farbenempfindungen verschiedene Elemente annehmen, dürften dieselben hiernach in den Nervenfasern schwerlich finden.

Die pathologische Anatomie hat uns mit perineuritischen, von den Scheiden ausgehenden, und mit neuritischen Processen bekannt gemacht. Vielleicht erlaubt die Beschaffenheit des peripheren Sehens in einzelnen Fällen eine Diagnose während des Lebens zu stellen: der Intoxications-Amblyopie dürfte die Entzündung der Macula-Fasern, dem minimalen Gesichtsfelde die Perineuritis, dem gewöhnlichen peripheren Defect mit Herabsetzung des centralen Sehens die diffuse Entzündung des Nervenstammes entsprechen. Es bliebe dann noch die inselförmige Sclerose, für die, wenigstens in ihren Anfangsstadien, die zerstreuten Continuitäts-Unterbrechungen des Gesichtsfeldes zu reserviren wären.

Im Anschlusse an die sclerotischen Processe dürften noch einige Bemerkungen über *das Vorkommen und Sehvermögen der tabetischen Atrophie*, auf das ich im vorigen Kapitel hingewiesen habe, am Orte sein. Gewiss lassen sich bei einem grossen Theile der Kranken, die wegen Atrophia papillae augenärztliche Hülfe suchen, Symptome von grauer Degeneration der Hinterstränge nachweisen, aber wir kennen die Gesammtzahl der Tabetiker nicht, müssen also das Urtheil über die Frequenz des Augenleidens den inneren Medicinern, unter denen vorläufig eine Uebereinstimmung nicht erzielt ist, überlassen. Charcot gehört zu denjenigen, die einen grossen Procentsatz annehmen und ein gewisses ophthalmoskopisches Aussehen der Papille, auch wenn alle anderen allgemeinen und localen Zeichen fehlen, als sicheren Beweis eines Rückenmarksleidens ansehen. Mit Rücksicht darauf nun, dass die Frage, in wie weit man aus der Atrophia optica allein auf Tabes zu schliessen berechtigt sei, noch unentschieden ist, befinden wir uns bei dem Symptomcomplexe der tabetischen Atrophie in einiger Verlegenheit. Sicher steht fest, dass die Sehstörung gewöhnlich von der Peripherie her beginnt, und dass von einer gewissen Einengung der Aussengrenzen an die Farben in der bekannten Reihenfolge zu verschwinden pflegen, ferner dass die am spätesten erblindende Stelle von der Papille nach aussen liegt und mitunter bis an die Macula reicht. Mit Leber's Beobachtung, dass die am meisten in der Achse liegenden Sehnervenfasern zuletzt degeneriren, zusammengehalten, würde daraus folgen, dass die Zone zwischen Papille und Macula von Nerven versorgt wird, die in der Nähe des Centralkanals austreten. Dass ein centrales Scotom bei reiner grauer Degeneration nur höchst selten vorkommt, lässt sich wohl mit Recht behaupten. Damit wäre bei progressiver Atrophia optica die Differential-Diagnose zwischen den Intoxications-Amblyopien und der tabetischen Amblyopie gegeben.

Noch sehr viel dürftiger werden unsere Kenntnisse der Sehstörungen, wenn es sich nicht um Tabetiker, sondern um Geisteskranke handelt. Eine Untersuchung der Function ist selbstverständlich kaum ausführbar, wir beschränken uns darauf, das Aussehen der Papilla optica zu ermitteln. Was wir darüber von verschiedenen Autoren erfahren, stimmt schlecht zusammen. Nach Foerster (l. c. p. 127) hat Albutt (on the use of ophthalmoscope) bei Epilepsie mit Wahnsinn beide Arten von Opticus-Atrophie oder Röthung der Papille mit undeutlichen Grenzen, — bei der Manie während des Anfalls Anämie, einige Tage später starke Hyperämie der Papille (Gefässspasmus — Gefässparalyse), zum Schluss Stase mit Ausgang in Atrophie oder reine Atrophie, — beim Blödsinn und Idiotismus meist Atrophie, — bei Paralytikern fast regelmässig Atrophie nach vorhergegangener Hyperämie gefunden. Die Erkrankung des Auges hatte von 53 Paralytikern 44 befallen, von den anderen Geisteskranken bald die grössere, bald die kleinere Hälfte, am meisten verschont blieben die Melancholiker mit Monomanie.

Dem entgegen soll Noyes unter 60 Geistesstörungen über 41 „Hyperämien oder Infiltrationen" berichtet haben. Die der Atrophie vorausgehende Hyperämie bei Paralytikern wird von Aldridge bestätigt. Wie es scheint mit grösster Sorgfalt ausgeführt und deshalb vollen Zutrauens werth sind die Untersuchungen von Moeli und Uhtoff, über die Letzterer in der heidelberger Versammlung referirt hat (confer. Bericht 1883 p. 143). Es fanden sich bei 31 Heerderkrankungen: 8 mal Trübung des Opticus oder der Netzhaut resp. leichte Neuritis, 3 mal Stauungspapille, 3 mal atrophische Verfärbung, 1 mal Hyperaemia papillae, 1 mal Déviation conjuguée, je 2 mal Retinalblutungen und Hemiopie; bei 150 progressiven Paralysen: 32 mal eine hauchartige Trübung der Papille und Retina (12 mal gleichzeitig mit Hyperaemia papillae), 6 mal leichte Neuritis optica ohne Stauung, 13 mal (vielleicht 21 mal, wenn zweifelhafte Fälle mitgerechnet) Atrophia optica, 3 mal Hyperaemia papillae ohne Trübung, 1 mal eine Blutung; bei 135 Alkoholikern: am häufigsten die Trübung der Paralytiker, dann 19 mal Atrophie der temporalen Papille, 2 mal leichte neuritische Veränderungen, 5 mal Hyperaemia papillae; bei 56 Epileptikern: 2 mal Blässe der Papille ohne Atrophie, 1 mal Hyperämie, 2 mal leichte Neuritis, 2 mal diffuse leichte Trübung der Papille und Retina; bei 170 Psychosen: 11 mal diffuse leichte Trübung der Papille und Retina, 3 mal abnorme Blässe der ganzen Papille, 2 mal Hyperämie, 1 mal Netzhaut-Hämorrhagien.

Nach diesen Befunden, die in Foerster's mehrere Jahre früher publicirter Abhandlung noch keine Erwähnung finden konnten, scheint mir der Einfluss der Geisteskrankheiten auf das Sehvermögen bisher erheblich überschätzt worden zu sein. Von der häufigsten pathologischen Veränderung, der leichten Papillen- und Retina-Trübung, ist kaum eine nennenswerthe Herabminderung der Sehschärfe zu erwarten, unter den 19 Alkoholikern mit blasser temporaler Papille hatten nur 5 ein centrales Scotom, es bleiben nicht viel mehr als etwa 20 Fälle von Atrophia optica, die jedenfalls zum grossen Theile auf die progressive Paralyse fallen. Demnach würden wir bei uncomplicirten diffusen Erkrankungen der Hirnrinde auf wenig Theilnahme von Seiten des Sehorganes zu rechnen haben. —

Es ist bei dieser Gelegenheit und auch oben schon der *Intoxications-Amblyopien* gedacht worden, die vorzugsweise durch Missbrauch von Alkohol und Tabak entstehen, aber auch, wenn nicht Papillitis an ihre Stelle tritt, bei Bleiarbeitern angetroffen werden. Ein kleines Contingent zur Gesammtmasse stellen noch der Diabetes und manche allgemeine Schwächezustände, die sich auf ein bestimmtes Organ nicht beziehen lassen. Der charakteristische Befund ist bei normalen Gesichtsfeldgrenzen und normaler Farbenperception ein centrales negatives Scotom, dessen Form von einigen Autoren genauer für die Alkoholiker als ein pericentrisches, für den Tabaksmissbrauch als ein paracentrales angegeben wird. In dem Scotom fehlen alle Farben oder häufiger roth und grün. Der Augenspiegelbefund ist Anfangs normal, später wird die temporale Hälfte der Papille weiss, endlich kann sich das Bild der Atrophia optica mit Trübung der Substanz und Verengerung des Gefäss-Lumens entwickeln. Ausser den genannten subjectiven Symptomen pflegt noch die Ausdauer vermindert, die centrale Sehschärfe bei heller Tagesbeleuchtung geringer, nach längerem Aufenthalt im Dunkeln eine Verbesserung der Function, namentlich Wiederkehr einer Farbenempfindung nachweisbar zu sein. Die bei dem centralen Scotom citirten Fälle von Samelsohn, Nettleship, Vossius gehören hierher. Ob in allen Fällen der pathologisch-anatomische Befund derselbe sein wird, ist abzuwarten, jedenfalls ist der Sitz der Krankheit in den Macula-Fasern und nicht im Centrum zu suchen.

Als Gegensatz zu der bei manchen Erkrankungen der Papille auffallenden Verschlechterung des Sehvermögens in heller Tagesbeleuchtung zeigt sich *die Hemeralopie ohne ophthalmoskopischen Befund* als ein Symptom ungenügenden Schutzes gegen continuirlichen Lichteinfluss und schlechter allgemeiner Ernährung in der Unfähigkeit, bei abnehmendem Lichte, in der Dämmerung und in den Abendstunden Gegenstände zu erkennen und sich zu orientiren. Centrales Sehen, Gesichtsfeld, Farbensinn sind bei guter Beleuchtung normal, nur geringe Beleuchtungsgrade reichen nicht aus, die Thätigkeit des Sehorganes wach zu rufen. Der Zustand ist unzweifelhaft als ein Torpor der Adaptation aufzufassen. Dass derselbe durch ungenügenden Schutz gegen Licht und unzureichende Nahrung vorübergehend entstehen kann, weiss man aus den Armeeberichten von Winterfeldzügen, aus den Mittheilungen unserer russischen Collegen über Augenkrankheiten während der Fastenzeit, aus den Krankheits-Journalen der Marine, in denen der Scorbut und die Hemeralopie nicht selten zusammen vorkommen. Auch das namentlich in südlichen Gegenden nicht seltene Zusammentreffen von Hemeralopie mit Xerosis conjunctivae nach schwächenden Diarrhöen etc. zeigt, dass die allgemeine Constitution den Torpor begünstigt, wiewohl derselbe auch acut bei gesunden Individuen, wie z. B. bei Soldaten, die im Winter bei grellem Schneelicht Wache stehen, beobachtet ist. Die congenitale Form, die unter anderem nicht selten mit Cataracta zonularis complicirt ist, harrt noch ihrer Erklärung.

Schliesslich sollen noch einige Functionsstörungen, die sich weder

an eine bestimmte Stelle des Licht empfindenden Apparates localisiren, noch sich auf specielle Constitutionsanomalien zurückführen lassen, erwähnt werden. Man pflegt sie mit dem bequemen Ausdruck „hysterische Functionsstörungen" abzufertigen. Dahin gehört:
die hysterische Amaurose. Sie befällt, meist beiderseitig, Kinder in den Schuljahren, unter ihnen eher schwächliche, leicht erregbare, als gesunde. Einige Male habe ich sie mit Chorea complicirt gefunden, sie war immer von geringer Dauer. Letzteres kann ich für die erwachsenen weiblichen Hysterischen nicht ausnahmslos bestätigen. Eine unverheirathete Hysterica, fast 30 Jahre alt, erblindete unter wechselnden Spasmen auf beiden Augen ohne Spur von Lichtschein, ohne Reaction der starr erweiterten Pupillen auf Lichteinfall für mehrere Wochen. Kurze Amblyopien waren vorhergegangen. Während der ganzen Zeit war im Augenhintergrunde nicht die geringste Veränderung zu constatiren.

Als *Hyperaesthesia* (von Anderen Anaesthesia genannt) *retinae* ist ein Zustand bekannt, der in mancher Beziehung im Gegensatze zu den Intoxications-Amblyopien steht: Das Gesichtsfeld ist concentrisch eingeengt ausser Verhältniss zu dem centralen Sehen, das normal bleibt oder wenig vermindert ist, der Farbensinn ist normal, aber subjective Farben- und Lichterscheinungen oder vorübergehende Scotome können die Kranken beunruhigen, die durch Schmerzen und schnelle Ermüdung bei jeder accommodativen Thätigkeit um den andauernden Gebrauch ihrer Augen kommen. Das weibliche Geschlecht, chlorotische Mädchen in der Entwickelungszeit namentlich, sind dem mitunter langwierigen, aber durch Schonung und allgemeine Behandlung immer heilbaren Uebel exponirt. Die Spiegeluntersuchung fällt negativ aus. Am meisten Berechtigung auf das Epitheton „hysterisch", weil mit weiblichen Sexualkrankheiten eng verbunden, hat die von Foerster beschriebene: *Kopiopia hysterica.* Sie gehört eigentlich nicht unter die Amblyopien, sondern wird von Foerster als eine Reflex-Hyperaesthesie im Gebiete des Trigeminus und Opticus geschildert. Sie betrifft fast ausschliesslich das weibliche Geschlecht, öfter besser Situirte, als Unbemittelte, unter ihnen vorzugweise ältliche Fräuleins, sterile oder früh steril gewordene Frauen, seltner solche, die noch Kinder zeugen, und pflegt dann in der Schwangerschaft aufzuhören. Das Allgemeinbefinden ist durch ein Heer wechselnder Beschwerden und Schmerzen getrübt. Von Seiten des Sehorganes fällt zunächst das Fehlen jedes objectiven Befundes und das Missverhältniss zwischen den Klagen und den wirklich vorhandenen Beschwerden auf; denn weder durch Thränenfluss, noch durch Lidkrampf, noch durch irgend welche mit heftigen Schmerzen sonst verbundene unwillkürliche Aeusserungen verräth sich ein qualvolles Leiden. Um so lebhafter sind die Schilderungen, deren Variationen fast unerschöpflich sind: von Seiten des Trigeminus Schmerzen, Brennen, Beissen an der Oberfläche des Auges, drückende, ziehende, spannende, bohrende Empfindungen in seiner ganzen Umgebung, von Seiten des Opticus übermässige Empfindlichkeit gegen Licht und zwar nicht gerade gegen Tageshelle, sondern vielmehr gegen den Schein einer Lampe oder künstliche Beleuchtung. Die Schmerzen sind beiderseitig, wechseln zu verschiedenen Tageszeiten, stören nie den Schlaf, treten bei jeder Beschäftigung, aber auch ganz spontan auf. Ihre Ursache ist eine chronische Entzündung des den Uterus umgebenden Zellgewebes, eine von Freund in Breslau zuerst erkannte atrophirende Parametritis chronica. Die Beschwerden am Auge sind unheilbar, verschwinden aber immer, wenn auch mitunter erst nach Jahren.

Hiermit wären die Formen der vom Licht empfindenden Apparate abhängigen functionellen Störungen ohne ophthalmoskopischen Befund im Wesentlichen erschöpft. An ihrer Spitze steht als wichtigste für die Diagnose der Cerebralkrankheiten

die laterale Hemiopie und die Gruppe der symmetrischen Defecte, ein sicheres Heerdsymptom für Krankheiten zwischen dem Chiasma und der occipitalen Sehsphäre, das keine andere Deutung, keine Verwechslung zulässt, am wenigsten mit dem ihm dem Wesen nach verwandten, immer vorübergehenden Flimmerscotom. Ihm folgt in Bezug auf Sicherheit der Ursache

das centrale Scotom als der Ausdruck circumscripter Atrophie der Macula-Fasern in Folge von constitutionellen Erkrankungen (Intoxication durch Tabak, Alkohol etc.).

Die binoculare Amaurose kann als Folge von Compression oder Zerstörung des Chiasma, von doppelseitiger Blutung in die Occipitallappen zu den Heerdsymptomen gezählt werden, als Folge diffuser Cortex-Erkrankungen oder meningitischer Processe gehört sie zu den allgemeinen Cerebralsymptomen; eine gleiche Auffassung dürfte die vorübergehende syphilitische Amaurose zulassen, während die urämische und die Erblindung im Verlaufe des Typhus, der Masern, der Variola unter die Intoxicationen, das Auftreten im Krankheitsbilde der Hysterie zu den Reflex-Paralysen zu rechnen ist. Vielleicht gehört zu der letzteren auch die vorübergehende

temporale Hemiopie, die in ihrer stationären oder progressiven Form auf die Basis cerebri oder auf das Chiasma selbst als Krankheitsheerd hinweist. Für die

3. Amblyopie und Amaurose.

gekreuzte einseitige Amaurose mit Amblyopie des zweiten Auges müssen wir vorläufig mit Charcot einen Heerd in der Capsula interna oder einen reflectorischen Ursprung annehmen, während die *homonyme einseitige Amaurose* nach traumatischer Meningitis vorläufig nur durch einen Fall, der die Annahme einer Reflex-Paralyse von den Quintusfasern der Dura nicht ausschliesst, gestützt wird.

Die einseitigen oder beiderseitigen Amblyopien mit centripetal fortschreitender Erblindung gehören, wenn die Papilla optica allmählich atrophirt, den sclerotischen Processen, in erster Stelle der grauen Degeneration, dann der progressiven Paralyse an, während die concentrischen Einengungen ohne Erblindung und ohne ophthalmoskopischen Befund Reflex-Paresen annehmen lassen.

Die erworbene *Hemeralopie* wurzelt, abgesehen von äusseren Gelegenheitsursachen, in allgemeinen constitutionellen Krankheiten, die den gemeinschaftlichen Charakter der Erschöpfung durch unzureichende Nahrung tragen. Schliessen wir die Atrophie der Papilla optica von unserer Betrachtung aus, so bleiben Heerde im Gehirn und an der Basis, diffuse Erkrankungen der cerebralen Rinde und der Meningen, Intoxication in fieberhaften Krankheiten und durch Aufnahme von Giften, constitutionelle Anomalien und reflectorische Lähmungen als Ursachen der Amblyopien und Amaurosen in Erwägung zu ziehen, von denen einige durch ihre Form ihren sicheren Ursprung verrathen, andere nur unter Berücksichtigung aller Nebenumstände in ihrem ätiologischen Verhalten mit mehr oder weniger Wahrscheinlichkeit verstanden werden können.

Augenmuskeln.

Die Symptomatologie der Augenmuskellähmungen hat v. Graefe auf sicherer, von Donders entworfener physiologischer Basis bis ins Kleinste vollkommen neu geschaffen. In ihrer neuen Gestalt ist sie so weit Allgemeingut geworden, dass ich meine, einige recapitulirende Worte müssten genügen, den Leser in die Untersuchungsmethode einzuführen.

Handelt es sich um den Verdacht einer Lähmung, so ist die Bewegung nach allen Richtungen zu prüfen. Auf diese Weise kann man aus einem die physiologische Breite überschreitenden Beweglichkeitsdefecte in der Horizontalen sofort die Paralyse resp. Parese des R. internus resp. R. externus erkennen.

Die Bewegung in der Verticalen aber wird durch je zwei Muskeln ausgeführt, durch den R. superior und O. inferior nach oben, den R. inferior und O. superior nach unten. Jeder Beweglichkeitsdefect in dieser Richtung kann mithin durch Lähmung eines von zwei Muskeln entstehen. Um den rechten zu erkennen, prüft man die Stellung der Doppelbilder, die man durch ein vor das besser sehende Auge gestelltes, roth-violettes Glas für den Kranken deutlicher unterscheidbar, für den Arzt leichter controllirbar macht. Die Stellung des Doppelbildes ergibt sofort den insufficienten Muskel; denn das **Doppelbild des kranken Auges steht so, wie der gelähmte Muskel normaler Weise wirken sollte.**

Nun stellt
>   der R. superior die Cornea nach innen, oben, das obere Ende des verticalen
>   Meridians nach innen,
>   der O. inferior die Cornea nach aussen, oben, das obere Ende des verticalen
>   Meridians nach aussen,
>   der R. inferior die Cornea nach innen, unten, das obere Ende des verticalen
>   Meridians nach aussen,
>   der O. superior die Cornea nach aussen, unten, das obere Ende des verticalen
>   Meridians nach innen;

mithin bedeutet ein **Doppelbild, das**
gekreuzt, höher und mit der Spitze nach innen steht, eine Paralyse des R. superior,
gleichnamig „ „ „ „ „ „ aussen „ „ „ „ O. inferior,
gekreuzt, tiefer „ „ „ „ „ „ „ „ „ „ R. inferior,
gleichnamig, „ „ „ „ „ „ innen „ „ „ „ O. superior.

Beachten wir noch, dass die leichter, als die Meridianneigungen, wahrnehmbaren Höhendifferenzen für die Obliqui bei den Diagonalstellungen nach innen (Richtung ihrer Muskelebene), für die Recti aus demselben Grunde bei den Diagonalstellungen nach aussen zu Stande kommen, so sind wir mit der Untersuchungsmethode für eine einfache, einseitige Paralyse am Ende. Complicirte Fälle erfordern ein etwas genaueres Studium der Untersuchungslehre.

Damit wäre die Frage, welches der gelähmte Muskel sei, beantwortet. Die Vorfrage, ob es sich überhaupt um eine Lähmung handle, ersparen uns die Kranken meistens dadurch, dass sie über plötzlich entstandene binoculare Diplopie, Schwindel etc. klagen. Anderen Falls müssen wir unsere Untersuchung auf die Beweglichkeit beider Augen und auf das Vorhandensein von Doppelbildern vermittelst eines rothen Glases richten.

Ob wir eine Paralyse oder einen Spasmus vor uns haben, wird auf dieselbe Weise entschieden. Die Paralysen sind so unendlich viel häufiger, dass wir sie bei Vorhandensein von Doppelbildern meist voraussetzen dürfen.

Die Nerven, deren Lähmungen in Frage kommen, sind der Abducens für den R. externus, der Trochlearis für den O. superior, der Oculomotorius für den R. superior, inferior, internus, O. inferior, Levator palpebrae superioris, Sphincter iridis, Tensor chorioideae (von den beiden letzteren wird in den Kapiteln „Pupille, Accommodation" die Rede sein). Die Lähmungen des Sympathicus finden wir bei der Cornea und den Augenlidern wieder, die des Facialis und Trigeminus dürfen aus der Neuropathologie als bekannt vorausgesetzt werden.

Haben wir eine Paralyse constatirt, so ist die nächste Frage, ob sie peripher oder central ist. Die Entscheidung wird zum Theil nach Principien, die für die Neuropathologie im Allgemeinen gelten, zum Theil nach Erfahrungen, die sich für das Sehorgan speciell bestätigt haben und weiter unten berührt werden sollen, getroffen worden. Unter den peripheren Ursachen werden die orbitalen von den basalen, unter den centralen (nach Mauthner) die corticalen von den nuclearen und fascicularen getrennt werden müssen, wenn sich eine strenge Scheidung auch nicht immer durchführen lässt.

Im Verlaufe acuter und chronischer Krankheiten begegnen uns vorübergehende Augenmuskellähmungen, deren Ursache zu erkennen wir bei absolutem Mangel von Sectionsbefunden verzichten müssen, während andere über ihren Ursprung nicht den mindesten Zweifel aufkommen lassen. So bedürfen z. B. die Augenmuskellähmungen bei *Trichinose* keiner Controlle durch die Nekroskopie, um als musculäre aufgefasst zu werden, für die sogenannten *rheumatischen Lähmungen*, die plötzlichen Abkühlungen folgen, werden muthmaasslich die peripheren Nervenenden als pathologisches Substrat gelten, während die sehr seltenen Paralysen im Verlaufe des Rheumatismus acutus als Theilerscheinungen einer Infectionskrankheit dem Verständnisse weniger klar liegen. An der Wahrscheinlichkeit ihres peripheren Charakters wird man um so leichter festhalten, als derselbe für eine andere Infectionskrankheit, *die Diphtheritis*,*) neuerdings sicher erwiesen ist. Nur auf diese Weise verliert das späte Auftreten in der Reconvalescenz und die Unabhängigkeit von der Intensität der Krankheit ihr Räthselhaftes. Dasselbe gilt für die vorübergehenden, *diabetischen Paralysen* des Pupillenschliessers, des Accommodationsmuskels, der äusseren

---

*) Bei der Section eines früh an Diphtheritis Verstorbenen fand Mendel (Neurologisches Centralblatt 1885 p. 133) 1. capilläre Hämorrhagien im Centralorgan, zum Theil in den in demselben verlaufenden peripherischen Nerven, 2. Zeichen von Neuritis interstitialis und parenchymatosa, die als selbständige primäre, nicht von den Ernährungscentren in den Ganglienapparaten abhängige angesehen werden müssen.

Augenmuskeln, des Levator und Orbicularis, wenn man ihre Ursachen nicht in cerebralen Vorgängen, sondern in Nervenscheiden-Blutungen sucht.

Weniger einfach liegen die Verhältnisse *der tabetischen Lähmungen*, die gewöhnlich von kurzer Dauer sind, von einem äusseren Muskel auf den anderen überspringen, leicht recidiviren und einem initialen Krankheitsstadium angehören, unter Umständen aber auch von langer Dauer sein können. Dass die peripheren Nerven dabei grau degenerirt und vollständig zerfallen gefunden worden sind, ist nicht zu bestreiten; natürlich müssen diesem Befunde stationäre Lähmungen entsprochen haben. Aber ein und derselbe Befund erklärt nicht alle stationären Paralysen, denn gerade eine der nicht seltenen und durchaus charakteristischen Formen, die Ptosis mit Verengerung der Pupille (Myosis paralytica), ist unzweifelhaft auf den Sympathicus zu beziehen, dessen Tarsalmuskel im Reizungszustande die Lidspalte erweitert, während der Halstheil bekanntlich die Pupille dilatirende Fasern enthält. Wahrscheinlich haben wir auf beiden Wegen den Heerd der häufigsten der vorübergehenden Lähmungen nicht zu suchen, die nach Mauthner's sehr plausibler Auffassung von der durch Kahler und Pick beschriebenen leichten Ependymitis der grossen Nervenkerne oder nur von einem Reizungszustande in diesem Gebiete herrühren sollen. Mit der im Verlaufe der *progressiven Paralyse* vorkommenden passageren Diplopie wird es wohl ein gleiches Bewenden haben, während für den bei *partieller Hirnsclerose* entstehenden Nystagmus, der sich bei intendirten Bewegungen steigert, in einzelnen Fällen periphere sclerotische Heerde in den Nerven nachgewiesen sind.

Während wir bei den sclerotischen Processen bald periphere Heerde im Nerven, bald nucleare im Cerebrum, bald sympathische Lähmungen anzunehmen genöthigt sind, scheinen die seltenen und bleibenden Paralysen, die auf der Höhe *schwerer Typhen und Pocken* auftreten, gleich der Opticus-Atrophie, entzündlichen basalen Exsudaten, die den Nerven unmittelbar comprimiren, ihre Entstehung zu verdanken. In dieselbe Kategorie gehören die *syphilitischen Gummata* an der Basis und an den Durchtrittsstellen der Nerven, die nicht früher, als ein bis zwei Jahre nach dem Ausbruch constitutioneller Erscheinungen, auftreten sollen, die *Tumoren, Tuberkel, die basilare Meningitis, die Entzündung von Schädelknochen, die Gefässaneurysmen, die Blutungen,* — eine grosse Gruppe von Krankheitsursachen, die ihrem Sitze und ihrem Wesen nach gleich schwer zu bestimmen sind, wenngleich nicht geleugnet werden soll, dass die Wahrscheinlichkeits-Diagnose in manchen Fällen, in denen die Reihenfolge der Lähmungen genau der nachbarlichen Lage der einzelnen Nerven entspricht, einen hohen Grad von Präcision erreichen kann. Als

3. Amblyopie und Amaurose.

besonders wichtig für die Diagnose eines basalen Sitzes ist schon von v. Graefe das Fortwandern der Lähmung von einem Nerven auf den anderen und die *complete Lähmung* des einzelnen Nerven angegeben worden; denn es leuchtet ein, dass der ganze Nerv leichter an einer Stelle, an der all seine Fasern zu einem gemeinschaftlichen Stamme vereinigt sind, gelähmt werden muss, als innerhalb des Gehirns, in dem die Faserbündel sich über eine grössere Fläche verbreiten. Wichtig ist dieses Kriterium unzweifelhaft, aber keineswegs ausnahmslos richtig, wie Sectionen erwiesen haben.

Die orbitalen Lähmungen entziehen sich nicht leicht der Diagnose, wenn die bekannten Symptome orbitaler Entzündungen oder Geschwülste in die Constituirung des gesammten Krankheitsbildes eingehen: die Lidgeschwulst, die Schmerzhaftigkeit des Knochens, Druck in der Tiefe der Orbita, Chemosis und vor Allem der Exophthalmus sind Wegweiser, die uns nicht leicht irre gehen lassen werden, aber es kommen auch circumscripte Entzündungen am Foramen opticum, kleine Blutungen, die Anfänge von Tumoren an derselben Stelle vor, Abnormitäten im Verlaufe und Lumen der A. ophthalmica, die für lange Zeit den orbitalen Heerd einer Paralyse nicht erkennen lassen.

Unter *die centralen Ursachen* endlich haben wir nicht nur die stationären Gehirnkrankheiten zu rechnen. Es kommen bei Leuten, die an Plethora abdominalis und Congestionen nach dem Kopfe leiden, Lähmungen vor, die auf den Gebrauch salinischer Abführmittel oder einiger Blutegel an den Processus mastoideus in wenigen Tagen verschwinden, um bei nächster Gelegenheit wiederzukehren, — bei lebhaft fiebernden Kranken sehen wir mitunter nur für einige Stunden Diplopia binocularis auftauchen und vergehen, — bei sogenannten meningitischen Reizungen beobachten wir Strabismus im Antagonisten eines gelähmten Muskels und entschliessen uns nicht zur Annahme einer Meningitis, weil nach einem kurzen, ruhigen Schlafe Stellung und Bewegung des Auges normal geworden ist. In all diesen Fällen und ähnlichen dürfte die Diagnose einer cerebralen Congestion auf wenig Widerspruch stossen. Der Zahl und Bedeutung nach verschwinden sie gegen die eigentlichen cerebralen Paralysen, die wir bei der Gehirnblutung, der Erweichung, dem Tumor, dem Abscess und der ganzen Reihe der aus der Neuropathologie bekannten organischen Gehirnleiden antreffen.

Im Allgemeinen werden wir selten irren, wenn wir eine mit einer deutlich ausgesprochenen cerebralen Krankheit verbundene Muskellähmung als ihre Folge ansehen, wiewohl die Möglichkeit eines zufälligen Zusammentreffens nicht grade ausgeschlossen werden kann. Von solchen

Fällen soll hier nicht die Rede sein. Wir setzen die Gehirnkrankheit als vorläufig nicht diagnosticirbar, vielleicht durch kein Symptom angedeutet voraus und sollen aus der Muskellähmung erkennen, womit wir es zu thun haben. Bei dieser Untersuchung fallen die „allgemeinen" Gehirnerscheinungen, die in das Gebiet der Neuropathologie gehören, fort. Wir haben, wie etwa bei der lateralen Hemiopie, aus anatomischen Daten, die nur eine Consequenz zulassen, und vor Allem aus den Lehren, die in zuverlässigen, klinischen Beobachtungen und Sectionen gegeben sind, unsere Schlüsse zu ziehen.

Ich beginne mit dem Resultate einer sorgfältigen kritischen Literaturstudie, die der neueste Monograph über Augenmuskellähmungen, Mauthner, vor Kurzem publicirt hat.*) Es handelt sich entweder um die Lähmung aller äusseren Augenmuskeln (Ophthalmoplegia exterior), oder der beiden inneren, des Sphincter iridis und des Tensor chorioideae (O. interior), oder endlich sämmtlicher Muskeln (O. totalis). Mauthner geht von der Annahme, dass sämmtliche grosse Nervenkerne auf der gleichnamigen Seite liegen, aus und acceptirt für die Reihenfolge der Oculomotorius-Ursprünge das folgende, von Kahler angegebene Schema:

Tensor
medial   Sphincter   lateral
R. internus   Levator palp. sup.
                   R. superior
R. inferior   O. inferior
Trochlearis.

Der Versuch, alle bis jetzt publicirten Fälle von Ophthalmoplegie auf einen oder den anderen Heerd zurückzuführen, läuft in folgendes Resultat aus: Lähmungen einzelner Muskeln und die totale Ophthalmoplegie können verschiedene intracranielle Ursachen haben, deren grössere oder geringere Wahrscheinlichkeit nach den begleitenden allgemeinen und localen Symptomen zu bemessen ist, die Ophthalmoplegia exterior aber ebenso, wie die O. interior, kann nur aus einem nuclearen Heerde erklärt werden.

Vorbehaltlich weiterer Bestätigung durch Sectionen ist mir die Deduction aus der bisherigen Casuistik plausibel genug erschienen, um ihr Resultat an die Spitze der cerebralen Bewegungsanomalien zu stellen. In

---

*) Die ursächlichen Momente der Augenmuskellähmungen. Die Nuclear-Lähmungen von Mauthner. Wiesbaden 1885.

3. Amblyopie und Amaurose. 67

kurzem Auszuge sollen noch einige klinische Notizen hinzugefügt werden: bei der O. interior ist die Bewegung des Augapfels frei, die Pupille über mittelweit, die Accommodation gelähmt, bei der O. exterior steht der Augapfel gerade nach vorn, ist absolut bewegungslos, die Ptosis ist vollständig oder unvollständig, Pupille und Accommodation normal. Als pathologisch-anatomischer Befund wird (nach Kahler) eine Ependymitis angegeben, der eine subependymäre Sclerose in der Tiefe folgt. — Ueber das congenitale und erworbene Vorkommen, die Combination mit Kopfschmerz, Gedächtnissschwäche, Lähmungen des Trigeminus, Facialis, Bulbärparalyse, Psychosen mit Somnolenz und Muskelschwäche und ihre schlimme Bedeutung für einen lethalen Ausgang ist das Original zu vergleichen. Mit dem objectiven Befunde der Bewegungs-Anomalie ist die Diagnose gegeben. — Selbstverständlich handelt es sich nicht um Lähmungen, die der Reihe nach einen und den anderen Muskel befallen (ein solcher Befund wäre bei wachsenden Tumoren, Gummata etc. von der Peripherie her möglich), sondern um eine von vorn herein acut oder chronisch sämmtliche Muskeln betreffende Bewegungshemmung. —

In Bezug auf die folgenden Lähmungen citire ich Nothnagel (l. c.), der sich bekanntlich in seiner Abhandlung die weiter gehende Aufgabe gestellt hat, aus der ihm zugängigen verwerthbaren Casuistik der Literatur über Gehirnkrankheiten zu Wahrscheinlichkeitsschlüssen auf die Abhängigkeit functioneller Defecte von localen Erkrankungen einzelner Gehirnabschnitte zu kommen. Wie der Leser, ist der Autor von der Ueberzeugung ausgegangen, dass die Resultate solcher Untersuchungen nur mit Vorsicht aufzunehmen sind; denn die Vorbedingungen — genaue klinische Beobachtungen, genaue Sectionen und ein sehr grosses Material — sind vorläufig nicht zu erfüllen.

Um das Untersuchungsgebiet der centralen Paralysen per exclusionem möglichst einzuschränken, schicke ich die *Lähmungen, die wahrscheinlich ihren Heerd an der Basis haben*, voran. Es sind unter den *monocularen*: 1. die Paralyse des Abducens, 2. des Trochlearis, 3. mehrerer Bewegungsnerven und des Trigeminus, 4. des Facialis, Acusticus und mehrerer Bewegungsnerven, wenn der Oculomotorius unter ihnen ist, 5. des Olfactorius und mehrerer Bewegungsnerven, 6. der Bewegungsnerven combinirt mit Hemiopie; unter den *binocularen* der Abducens, Trochlearis und ganze Oculomotorius. Von der Basis aus können sich doppelseitige Nervenlähmungen in den verschiedensten Combinationen entwickeln. Am sichersten basalen Ursprunges ist eine doppelseitige, complete Paralyse beider Oculomotorii, wahrscheinlich von der Stelle, wo die Nerven am nächsten zusammenliegen, von dem Raume zwischen den Hirnschenkeln

5*

vor der Brücke ausgehend. Gewöhnlich folgt Extremitätenlähmung auf der dem erst erkrankten Oculomotorius entgegengesetzten Seite. — Für einen Heerd in *der mittleren Schädelgrube* spricht die Lähmung der drei Bewegungsnerven in Verbindung mit dem N. opticus, — in *der hinteren Schädelgrube* des Abducens, Trochlearis, Facialis, Acusticus, Glossopharyngeus, Vagus, Accessorius, Hypoglossus. Ist Extremitätenlähmung dabei, so ist sie unvollständiger und pflegt später aufzutreten (cfr. Einleitung).

Die eigentlichen *centralen Lähmungen* betreffend ist zunächst zu bemerken, dass bisher weder eine centrale isolirte Lähmung des Abducens, noch des Oculomotorius beobachtet ist, und dass für den Trochlearis nur ein Fall (Geschwulst der Glandula pinealis) vorliegt. Dagegen ist für einige combinirte Lähmungen ein cerebraler Ursprung festgestellt.

Wechselständige Lähmung des Oculomotorius und der Extremitäten ist bei Heerden im pontinen Theil des Pedunculus cerebri gefunden worden, und zwar war es der Oculomotorius der gelähmten Körperhälfte, der fast ausnahmslos in allen seinen Zweigen betroffen war.

Eine alternirende Lähmung des Abducens und der Extremitäten weist auf einen Heerd im bulbären Theile des Pons.

Isolirte einseitige Ptosis, mit dem Heerde gekreuzt, kann Symptom einer einseitigen Meningitis oder Encephalitis sein, *doppelseitige* von Erkrankungen der *Corpora quadrigemina* herrühren. Auf diese letzteren ist besonders bei doppelseitigen Lähmungen gleichnamiger Oculomotorius-Aeste zu achten, ohne dass übrigens Adamuk's Thierversuche über den Einfluss der Corpora quadrigemina auf den Oculomotorius bisher beim Menschen Bestätigung gefunden haben.

Lähmung des Facialis und Abducens als alleinige Gehirnnervenläsion neben Extremitätenlähmung ist bei Krankheiten des gemeinschaftlichen Facialis-Abducens-Kernes im Pons gleichseitig beobachtet, aber sowohl aus basalen Ursachen hat man beide Nerven gelähmt gefunden, als auch existiren Fälle von Tumoren in der oberen Ponshälfte, die zuerst den Abducens der gleichnamigen, dann den Facialis der gekreuzten Seite ergriffen.

Von gleichzeitiger intracerebraler Lähmung des *Oculomotorius und Abducens* existirt kein Beispiel, wohl aber von Paralysen des Externus und associirten Internus, die vom Abducens-Kern ausgehen (cfr. Einleitung).

Die meist vorübergehenden und von einem Bewegungsnerven auf den anderen überspringenden tabetischen Paralysen lassen vorläufig noch keine für die Localisation brauchbaren Regeln aufstellen.

Wir haben die Muskelparalysen als Begleiter allgemeiner Krankheiten (Diabetes, Diphtheritis) und als Folgen orbitaler, basaler, spinaler und cerebraler Krankheitsproducte kennen gelernt. In der ersten dieser Entstehungsarten sind sie von untergeordnetem diagnostischen Werthe; denn lange vor dem Auftreten der Lähmung ist das Wesen des Allgemeinleidens gegen jeden Zweifel sicher festgestellt. — Die orbitalen Lähmungen verrathen ihren Ursprung gewöhnlich durch begleitende Symptome, die keine andere Deutung zulassen (spontaner Schmerz in der Tiefe der Orbita oder Schmerz bei Druck des Augapfels gegen das Fettpolster, spontaner oder Druck-Schmerz in einem Orbitalknochen, vor allen Dingen Exophthalmus, Dislocation und Schmerz bei starken Seitenbewegungen), in anderen Fällen kann die Anamnese die Diagnose unterstützen (traumatische Blutungen oder Blutungen nach Erschütterungen bei Hämophilie), ausnahmsweise endlich wird man sich mit Wahrscheinlichkeiten begnügen müssen, wenn centrale Symptome fehlen (circumscripte syphilitische oder entzündliche Producte an den Durchtrittsstellen etc.). — Von den intracraniellen Lähmungen scheint es vorläufig, als wenn die peripheren sehr viel häufiger, als die centralen, seien. Ausser den allgemeinen cerebralen Symptomen, die bei basalen Processen oft genug fehlen, ist für die Differentialdiagnose zwischen cerebraler und basaler Erkrankung hauptsächlich die Gruppirung von Wichtigkeit: nur die Ophthalmoplegia exterior und interior scheint unter allen Umständen eine nucleäre zu sein, für keine isolirte Muskellähmung ist bisher ein intracerebraler Heerd gefunden worden, die nach Nothnagel citirten Combinationen verweisen auf den Pedunculus cerebri, den Pons und vielleicht die Corpora quadrigemina. Selbstverständlich ist die Combination mit Stauungspapille für den Tumor und die Meningitis, die Combination mit einseitiger, lateraler Hemiopie für die Diagnose eines einseitigen Heerdes zwischen Chiasma und Sehsphäre entscheidend. Von gleicher Bedeutung für die mittlere Schädelgrube kann das Zusammentreffen mit Functionsstörungen, die einem Sehnerven oder dem Chiasma angehören, sein, von gleicher die Symptome einer Anästhesie oder Trophoneurose des Ramus ophthalmicus n. trigemini. Schwieriger gestaltet sich die Frage, wenn Muskellähmungen und Atrophia optica zusammentreffen. Die entzündliche Atrophie entscheidet unbedingt für Tumor oder Meningitis, es sei denn, dass in dem Krankheitsbilde oder der Anamnese sich die Möglichkeit einer Myelitis oder einer Blei-Intoxication ergebe, die genuine scharfrandige Atrophie gestattet den Zweifel zwischen basaler Compression und sclerotischer Erkrankung der Nerven (graue Degeneration). Wenn auch nicht als unbedingt pathognomonisch, so doch als der Regel entsprechend würde ich die Transparenz der atrophischen Papille einen basalen Heerd ausschliessen und Tabes resp. progressive Paralyse annehmen lassen, während ich für die undurchsichtige Oberfläche die Wahrscheinlichkeit directer Compression in Anspruch nehmen möchte. Unzweifelhafte Beispiele letzterer Art hat mich die eigene Erfahrung bei der basalen Gehirn-Syphilis kennen gelehrt. Wo diese ophthalmoskopischen Unterschiede im Stiche lassen, wird man die begleitenden Symptome (Patellarreflex, Sensibilitäts- und Sprachstörungen, letztere für die progressive Paralyse) consultiren oder auf die Flüchtigkeit der Paralysen sein Augenmerk richten müssen, da Muskellähmungen, eben so wie Atrophia optica, unzweifelhaft auch als Initialsymptome sclerotischer Processe lange für sich allein bestehen können. Eine schnell vergehende oder auf andere Muskeln überspringende Lähmung pflegt (abgesehen von gewissen Fluxionen) nicht intracraniellen Ursprunges zu sein. — Zur Syphilis zeigen die Lähmungen ein doppeltes Verhalten: die incompleten, multiplen, flüchtigen sprechen für die bekannten Gefässerkrankungen, die stationären für Gummata an der Basis oder den Durchtrittsstellen der Nerven.

Krankheiten der Orbita.

Die Pathologie der Orbita, die neuerdings durch Berlin und Sattler eine vortreffliche monographische Bearbeitung in dem von Graefe-Saemisch redigirten Handbuche erfahren hat, nimmt, so klein ihr Umfang relativ zur gesammten Ophthalmopathologie ist, dennoch unser Interesse nach verschiedenen Richtungen in Anspruch: sowohl die Wandungen der Augenhöhle, als ihr Inhalt und ihre unmittelbaren Gefässverbindungen mit der Schädelhöhle, lassen uns manchen lehrreichen Blick in das Verhältniss des Theiles zu anderen Theilen und des Theiles zum Ganzen thun.

Wenn wir von den Thränenorganen, die weiter unten besprochen werden sollen, und von den die Orbita umgrenzenden Gesichtsknochen, deren Krankheiten in das Gebiet der Chirurgie fallen, absehen, so bleibt uns für die Periostitis des oberen Orbitalrandes die *Scrophulose* und *Syphilis*, für die Periostitis der oberen Orbitalwand die *Syphilis* als eine durch zahlreiche Erfahrungen bestätigte Ursache hervorzuheben. Es besteht eine Prädisposition des kindlichen Alters, die sich besonders bei gelegentlichen Verletzungen, aber auch spontan geltend macht, ein partielles Narben-Ectropion des oberen Lides in der Gegend der Fovea glandulae lacrymalis wird namentlich von englischen Autoren geradezu als ein Symptom tief eingewurzelter Scrophulose oder hereditärer Syphilis beschrieben. Auch die in späteren Jahren ohne äussere Veranlassung auftretende Periostitis (von Carron du Villards ausserdem bei Lepra be-

3. Amblyopie und Amaurose.

obachtet) scheint meist hereditär syphilitischer Abstammung zu sein, wenn man ex juvantibus, dem Jodkalium, zu schliessen sich für berechtigt hält. Jedenfalls hat eine solche Annahme mehr für sich, als die übliche einer rheumatischen Erkrankung. Weitere Aufklärungen sind von fortschreitendem Studium der Nasenkrankheiten, die vom Canalis nasolacrymalis und dem Siebbein her nicht selten den Anstoss zu Entzündungen der nasalen Orbitalwand geben, zu erwarten.

Der Inhalt der Orbita mahnt uns durch seinen an dem Zurücktreten des Augapfels (Enophthalmos) erkennbaren Schwund an allgemeines Darniederliegen der Ernährung durch erschöpfende Krankheiten, durch Mangel an Schlaf und chronische, psychische Depression. Den höchsten Grad acuten Schwundes finden wir im Stadium algidum der Cholera. Eine interessante Beobachtung von periodischem Enophthalmos bei Neuralgia trigemini dürfte sich auf den Sympathicus als vasomotorischen Nerven beziehen lassen.

Die acute Entzündung des Zellgewebes (Orbital-Phlegmone) entsteht entweder per continuitatem von den knöchernen Wandungen oder der Gesichtshaut (Erysipelas faciei et capitis) aus oder metastatisch. Als metastatische Entzündung kann sie alle Symptome einzeln mit der Thrombose der Venae ophthalmicae und der Gehirn-Sinus gemein haben, unterscheidet sich aber von dieser durch die Gruppirung, in der dieselben auftreten.

Für eine Venen-Thrombose spricht nach Berlin, der sie zuerst vortrefflich geschildert hat, die Nähe eines Eiterheerdes, Furunkel der Lider oder Lippen, Geschwüre der Nase, phlebitische Stränge in den frontotemporalen Venen. Entwickeln sich im Verlaufe meningitische Erscheinungen, so kann die Diagnose zwischen Thrombose und Encephalitis von Caries des Orbitaldaches unmöglich sein, wenn nicht etwa die ursprünglich einseitige Orbital-Phlegmone beiderseitig wird; denn der Uebergang von einem paarigen Sinus auf den anderen und damit beiderseitiger Enophthalmos mit entzündlichem Oedem der Conjunctiva und der Lider ist für die secundäre Sinus-Thrombose nahezu pathognomonisch. — So wie die Thrombose mit einer Orbital-Phlegmone anfangen, sich auf die Sinus fortsetzen und vom Gehirn aus die Phlegmone der anderen Orbita induciren kann, so kann sie auch in den Gehirn-Sinus beginnen, auf den Sinus cavernosus, die V. ophthalmicae übergehen und zum Schluss mit Zellgewebseiterung in einer oder beiden Augenhöhlen enden. — Die Ursachen der primären Thrombose sind in marantischen Zuständen, die der secundären in Erkrankungen in der Nähe der Sinus, in Compression der Sinus oder der Halsvenen, Vereiterung von Schädelknochen, eiterigen

Ausschlägen auf dem Kopfe, Furunkeln des Gesichtes, Erysipelas faciei, Geschwüren in der Nase, Scharlach etc. zu suchen.

Wie schon oben bemerkt worden, sind die einzelnen Symptome (Röthung und Schwellung der Lider, Exophthalmos, Mydriasis, Hyperämie der retinalen Venen, Stauungspapille etc.) dieselben, wie bei der *reinen metastatischen Phlegmone*. Die Differentialdiagnose kann mithin sehr schwierig sein. Ob die Chemosis conjunctivae, die nach Leyden durch Fortpflanzung einer eiterigen Meningitis entstehen kann, nicht ebenfalls auf Venen- und Sinus-Thrombose zu beziehen ist, bleibt vorläufig eine offene Frage.

Orbital-Phlegmonen sind, ehe man das Bild der Thrombose kannte, bei Rotz, Milzbrand, Pyämie nach Operationen, schweren Typhen etc. beobachtet worden. Die oft beschriebene pyämische puerperale Phlegmone ist keine Phlegmone, sondern eine Panophthalmitis. Dass die Ermittlung des ätiologischen Momentes nicht immer leicht ist, zeigt ein Fall von v. Graefe, in dem die Diagnose der Rotz-Infection erst post mortem gestellt wurde, als man erfuhr, dass der Patient eine Schlafstelle neben der Stallung für ein krankes Pferd bewohnt hatte.

Ob die Entzündungen der Orbita während des *Erysipelas faciei* alle von gleicher Art sind, darf bezweifelt werden. Angaben der Literatur über Phthisis bulbi nach Erysipelas liegen vor. Ich könnte dieselben durch Mittheilung von Kranken über Augenentzündungen durch „Kopfrose" vermehren, aber man weiss, was die Patienten alles als „Kopfrose" gehen lassen. In flagranti habe ich keinen solchen Fall beobachtet, die Beschreibung einer günstig verlaufenen beiderseitigen Neuritis habe ich oben gegeben, die überwiegende Mehrzahl meiner Erfahrungen bezieht sich auf Atrophia optica mit Erblindung (weisse undurchsichtige Papille mit scharfen Grenzen und dünnen Gefässen). Durch diesen Befund möchte ich eine Perineuritis mit Compression des Nerven durch Exsudat nicht für ausgeschlossen halten.

Die seltene Form der reinen acuten Tenonitis, die ich unter Hitze und Schwellung der Lider, allgemeiner blassrother subconjunctivaler Injection, seröser Chemosis, sehr reichlicher Thränensecretion, Schmerzhaftigkeit der Bewegungen und geringem Schmerz bei Druck des Augapfels gegen das Fettpolster verlaufen gesehen habe, kenne ich nicht als Erscheinung eines Allgemeinleidens, sondern als Begleiterin oder im unmittelbaren Gefolge eines intensiven Schnupfens. Sie verlief in gleichmässiger Wärme unter Anwendung trockener aromatischer Umschläge binnen wenigen Wochen günstig.

Des Näheren auf den M. Basedowii einzugehen darf ich mich wohl enthalten, da ich sein Krankheitsbild als allgemein bekannt voraussetzen darf, und für eine Beziehung desselben zu einem bestimmten constitutionellen Leiden die Beweise noch erst erbracht werden sollen. Aufmerksam machen aber möchte ich auf das von v. Graefe angegebene Symptom, das mitunter schon bei sehr geringen Graden der Exophthalmie vorkommt, auf das Zurückbleiben des oberen Lides beim Blick nach unten (wahrscheinlich von den glatten, sympathischen Muskelfasern des oberen Augenlides abhängig), und auf den von Becker beschriebenen sichtbaren Puls in den unregelmässig erweiterten Arterien. Sowohl die Lähmung der Gefässwand, als auch die beschleunigte Herz-Aktion, sind unzweifelhaft auf einen paretischen Zustand des Sympathicus zu beziehen.

Gewisser orbitaler Krankheitsproducte ist schon mehrfach gedacht worden, als von den Stauungserscheinungen in der Retina, von der Amblyopie, der Opticus-Atrophie und den Muskellähmungen die Rede war. Als neue pathologische Vorgänge, die sich auf allgemeine Körperkrankheiten zurückführen lassen, haben wir kennen gelernt:

Die Periostitis des Orbitalrandes als ein Symptom schwerer Scrophulose oder hereditärer Syphilis;

die Caries des Schädeldaches als Folge hereditärer Syphilis;

die metastatischen Orbital-Phlegmonen bei Rotz, Milzbrand, Pyämie, schweren Typhen etc.;

die Thrombose der V. ophthalmicae mit Thrombose der Gehirn-Sinus als Zeichen von Marasmus oder von Infection durch Eiterungen in den Schädelknochen, im Gesicht, in der Nase, die spontan oder in Verbindung mit Erysipelas, Scharlach etc. auftreten.

Die reinen Phlegmonen und die secundären in Folge von Thrombose aus einander zu halten ist von eminenter Wichtigkeit, weil die ersteren zwar für das Auge eine schlechte Prognose geben, aber auf das Allgemeinbefinden nicht bestimmend einwirken, während die Combination von Thrombose der V. ophthalmicae mit Sinus-Thrombose ein sicheres Zeichen eines tödtlichen Exitus zu sein scheint.

Die Krankheiten des Uveal-Tractus.

Chorioidea.

Wenn wir bis jetzt Gelegenheit gehabt haben, die Wichtigkeit der oculistischen Semiotik für die Diagnose der Gehirnkrankheiten durch zahlreiche Beispiele zu illustriren, so betreten wir in den Krankheiten der Tunica uvea (Chorioidea, Corpus ciliare, Iris) ein Gebiet, das, wenngleich mit seiner Aetiologie in den allerverschiedensten Allgemeinkrankheiten wurzelnd, gerade zum Centralnervensystem (die einzige cerebrospinale Meningitis ausgeschlossen) in keiner pathologischen Beziehung steht.

Einen anatomischen Grund zu dem verschiedenen Verhalten von Retina und Chorioidea zu finden hält nicht schwer. Sind doch die inneren Netzhautschichten gewissermaassen eine periphere Wiederholung der cerebralen, für Licht-Leitung und Licht-Empfindung bestimmten Gewebs-Elemente, hat doch vor Allem die cerebrospinale Flüssigkeit einen Abflussweg nach den Sehnervenscheiden!

Um die einzige Chorioiditis, die einen intracraniellen Ursprung hat, vorweg zu erledigen, beginne ich mit der *Chorioiditis bei Meningitis cerebrospinalis*. Ihr gewöhnlicher Ausgang ist der in Phthisis bulbi und zwar in eine so charakteristische Form, dass man noch nach Jahren den Krankheitsprocess, dem das Auge zum Opfer gefallen, erkennen kann. In diesem phthisischen Zustande ist der Bulbus klein, weich, meist nicht eckig, an der Oberfläche gefässlos oder von einigen dilatirten Venen durchzogen, — die Cornea klar — die vordere Kammer klar, eng, an der Peripherie etwas tiefer; denn die Iris ist über die vorgedrängte, sehr convexe Linse so straff gespannt, als ob sie mit ihr vollständig verwachsen wäre, — Iris in der Farbe wenig verändert, mehr weniger atrophisch, — Pupillarrand unregelmässig gezackt, adhärent, — Pupille klein, reactionslos, entweder durch ein graues Exsudat geschlossen oder rein genug, um einen weissen oder weissgelben Reflex aus dem Inneren hervorleuchten zu lassen. Der Reflex ist von der Form der Retinaschale, entweder gleichmässig oder selten von neu gebildeten Gefässen unterbrochen, Lichtschein unsicher oder aufgehoben. In späteren Schrumpfungsstadien findet man die Iris mitunter nicht nach vorn gedrängt, sondern mit der innerhalb der Kapsel geschrumpften adhärirenden Cataract so nach hinten umgestülpt, dass die vordere Kammer bedeutend erweitert, der Pupillarrand weit hinter die Ebene der Corneoscleralgrenze retrahirt ist. Dabei kann die Pupille etwas verengt oder erweitert sein, letzteres trotz deutlich sichtbarer hinterer Synechien.

Diesem Endausgange entspricht eine Entzündung, welche sich von einer einfachen Iritis mit leichter Injection der perforirenden vorderen Ciliargefässe durch oft recidivirende kleine Hypopien mit oder ohne Präcipitate an der Descemet'schen Haut, durch frühzeitiges Auftreten einer serösen Chemose und eines gelblichen Glaskörper-Reflexes, durch hartnäckige Resistenz der Pupille gegen Atropin und leichtes Oedem des oberen Lidrandes unterscheidet. Gelingt es in einem sehr frühen

Stadium noch, das Auge mit dem Spiegel-Reflexe zu durchleuchten, so pflegt der Hintergrund durch eine diffuse Glaskörpertrübung verdeckt zu sein.

Die Meningitis cerebrospinalis, die sich auf den Tractus uveae verbreitet, gehört dem frühesten Kindesalter an und tritt sowohl sporadisch, wie epidemisch, auf. Die Erkrankung der Aderhaut ist häufiger monocular, als beiderseitig, sie gibt für das Auge eine sehr schlechte, für das Leben, wie es scheint, eine relativ gute Prognose. Sie ist nicht die einzige Form, unter der das Auge erkrankt, wir werden später Entzündungen der Conjunctiva und Cornea desselben Ursprunges kennen lernen; sonderbar ist es, da die Schwalbe'schen Lymphräume unzweifelhaft die Bahnen sind, auf denen die Entzündung sich verbreitet, dass verhältnissmässig so selten die Retina der erst ergriffene Theil ist.

Suchen wir eine Anamnese, so erfahren wir von den Eltern bald, dass das Auge unter Erbrechen, Nackenstarre, allgemeinen Convulsionen, Somnolenz erkrankt sei, bald werden die „Zahnkrämpfe" herangezogen, endlich heisst es, die Kinder seien nur 1—2 Tage somnolent gewesen, hätten keine Nahrung zu sich genommen, dann seien sie mit geröthetem und meist zugleich aus der Pupille leuchtenden Augen erwacht. Für die Diagnose ist die Anamnese entbehrlich; denn sowohl die Entzündung, als auch ihr Ausgang ist vollkommen charakteristisch, eine Verwechslung mit der plastischen Iridocyclitis und mit intraocularen Tumoren (amaurotisches Katzenauge) ist bei einiger Aufmerksamkeit auf die Gesammtheit der Symptome noch weniger denkbar als eine Verwechslung mit einer anderen diffusen, eitrigen Entzündung, der

Chorioiditis metastatica. Unter sehr schneller, mitunter, wie es scheint, plötzlicher Erblindung bildet sich eine weiche, intensiv geröthete, umfangreiche Lidgeschwulst, Chemose, Protrusion des Augapfels, Erweiterung und Starre der Pupille, Eiter in der vorderen Augenkammer und im Glaskörper. Der ganze Symptomencomplex ist in kaum 24 Stunden ausgebildet und steigert sich während fieberhaften Allgemeinleidens, bis sich entweder die Sclera in der Nähe des Cornealrandes oder in der Aequatorialgegend zuspitzt und perforirt, oder unter allmählicher Eindickung des Eiters der Augapfel allmählich kleiner wird und schrumpft. Sehr selten erkranken beide Augen, das ergriffene ist ausnahmslos verloren, das Leben des Kranken selten gefährdet. Aetiologisch kommen nur Eiterungen in Betracht, von denen aus infectiöse Stoffe direct in die Gefässe des Auges gelangen können: Puerperalfieber, Zellgewebsvereiterungen, Caries an der Schädelbasis, Pyämie nach chirurgischen Operationen u. s. w. Der Weg, den die inficirenden Stoffe machen, um ins Auge zu gelangen, ist nicht immer deutlich erkennbar, mitunter vermittelt das Endocardium.

Die Differentialdiagnose zwischen dieser in Panophthalmitis ausgehenden Chorioiditis und der Thrombose der V. ophthalmica ergibt sich aus dem bei den „Krankheiten der Orbita" Angeführten. Wir haben demnach drei in ihrem groben Aussehen ähnliche Krankheitsbilder aus einander zu halten: die immer tödtliche Thrombose der V. ophthalmica und der Sinus, die für das Auge immer deletäre Chorioiditis metastatica und die reine Orbitalphlegmone, die bei zeitiger Entleerung des Eiters weder das Leben, noch das Auge ernst zu gefährden braucht.

Als ein Unicum soll unter den eiterigen Entzündungen noch v. Graefe's *Infection durch Rotzgift* angeführt werden. Erysipelas faciei, Röthung und Geschwulst der Augenlider, Protrusion des unbeweglichen Augapfels, Dilatation der starren Pupille, partielle Malacie der Cornea, Erblindung und hohes Fieber waren die Symptome, unter denen die Krankheit sich entwickelte. In dem enucleirten Auge fanden sich kleine, gelbe, chorioidale Eiterheerde in der Nähe der Papille. Ihre Bedeutung wurde erst post mortem durch die Anamnese klar. —

Von diesen perniciösen Formen durchaus verschieden sind die Chorioiditiden, die wir im Verlaufe einiger acuten Infectionskrankheiten beobachten. Unter ihnen ist die häufigste und am meisten charakteristische

die Chorioiditis bei Febris recurrens. In den verschiedenen, genau geschilderten Epidemien war ihre Häufigkeit, ihre Intensität und auch die Art ihres Auftretens sehr verschieden, je nachdem Iris oder Corpus ciliare oder die eigentliche Chorioidea für die Symptome sich als entscheidend erwiesen. Mit sehr seltenen Ausnahmen fällt der Beginn des Augenleidens in die erste Zeit der Reconvalescenz: die Kranken klagen über einen oder mehrere dunkle, bewegliche Punkte im Gesichtsfelde, als deren Ursache der Augenspiegel leicht eine bewegliche Obscuration im Glaskörper erkennen lässt. Sehr bald darauf injiciren sich die vorderen Ciliargefässe, die Iris wird unter Bildung einzelner Synechien leicht verfärbt, der Augapfel weicher und in seinem oberen, inneren Quadranten gegen Druck empfindlich, der Humor aqueus trübt sich, kleine Hypopien kommen und verschwinden. Binnen einigen Wochen bilden sich alle Erscheinungen bei zweckmässiger Behandlung zurück, selten bleibt der Glaskörper trübe, noch seltener kommt es zur Phthisis bulbi mit Amotio retinae. Einen sehr ähnlichen Verlauf habe ich ausnahmsweise bei *Rheumatismus articulorum acutus* beobachtet.

Von englischen und russischen Autoren, die sich vorzugsweise um die Schilderung unserer Augenkrankheit Verdienste erworben haben, wird noch auf vorübergehende Amaurosen und auf eine Theilnahme der Retina aufmerksam gemacht. Vielleicht ist es zur Erklärung ähnlicher Beobachtungen nicht unzweckmässig, zu erwähnen, dass ich den intraocularen Druck nicht immer constant gefunden, einen periodisch glaucomatösen Fall sogar durch Iridectomie dauernd geheilt habe, dass in einem anderen Falle aus einer grossen Netzhautvene eine Blutung in den Glaskörper erfolgte, von der schliesslich eine bläulichweisse glänzende Glaskörpermembran zurückblieb, in einem dritten ein peitschenförmiger, beweglicher, grauer Zapfen aus dem Centralkanale der Papille in den Glaskörper (Cloquet'scher Kanal) hineinwuchs, um sich allmählich zurück zu bilden. —

Auch im Verlaufe der *Variola* hat man während der zweiten Woche Entzündungen des vorderen Chorioidalabschnittes mit Glaskörpertrübungen für sich allein oder im Zusammenhange mit seröser Iritis beobachtet. Noch sicherer gestellt durch den Ausgang in Phthisis bulbi ist der chorioidale Sitz der Entzündung für die *Lepra*, wenn auch neben ihr sowohl eine durch Keratitis inducirte, als auch eine primäre Iritis mit Bildung von Knoten im ciliaren Theile, die nach und nach gegen die Pupille und in die vordere Kammer vordringen, vorkommt. —

Als einen Uebergang der mit Injectionsröthe verbundenen Chorioiditiden zu den nur ophthalmoskopisch diagnosticirbaren können wir eine *Chorioiditis ex lactatione nimia* anführen, die sich durch Lichtscheu und Glaskörperflocken verräth und ohne Behandlung heilt, wenn der Säfteverlust oder die Reizung aufhört. Die Anämie kann nach unzähligen Analogien als einzige Ursache nicht angesehen werden, eher dürfte der lange anhaltende, sich oft wiederholende Nervenreiz durch Vermittlung des Sympathicus auf die Gefässe des Corpus ciliare wirken, ähnlich wie wir es oben für die mit Trigeminus-Neuralgie verbundene Papillitis der Säugenden angenommen haben. Ebenfalls im Gefolge von halbseitigen, plötzlich entstandenen Trigeminus-Neuralgien habe ich bei anämischen Kranken weiblichen Geschlechtes

die Amotio retinae ohne Glaskörpertrübung entstehen gesehen. Nach einigen atypischen Anfällen zeigte sich ein kleines, sehr dunkles, peripheres Scotom, für welches der Augenspiegel keine Erklärung gab, dann fand sich eine die Kranken in hohem Grade beunruhigende flimmernde Lichterscheinung an der temporalen Peripherie, und endlich deckte die bekannte dunkle Wolke den oberen Theil des Gesichtsfeldes. Ich gebe selbstverständlich zu, dass nur ein sehr kleiner Theil aller Ablösungen unter diesen Erscheinungen zu Stande kommt, aber unerwähnt wollte ich sie nicht lassen, weil sie neben manchen, unter grosser Erschöpfung verlaufenden Graviditäten die einzigen sind, die mich an die Möglichkeit eines directen Zusammenhanges der Amotio mit allgemeinen Störungen erinnert haben. So gross die Zahl der intraocularen Ursachen, so dürftig scheinen mir die allgemeinen Beziehungen oder wenigstens unsere Kenntniss von denselben. Sehr viel umfassender, wenn auch nicht immer im Einzelnen verstanden, sind unsere Erfahrungen, so weit sie sich auf *das Glaucom* beziehen. Es ist, so viel ich weiss, zuerst von Foerster eingehend darauf hingewiesen worden, dass in vorgerücktem Alter die Reconvalescenz-Schwäche nach acuten und erschöpfenden Krankheiten (Magen- und Darmcatarrh, Pneumonie, Bronchocatarrh, Erysipelas etc.) genügt, in prädisponirten Augen den subacuten oder acuten Anfall zum Ausbruch zu bringen, und dass in jugendlichem Alter nur besonders schwächliche Kranke von Glaucom heimgesucht werden. Aus eigener Erfahrung kann ich noch einige Reconvalescenzen nach Amputatio mammae wegen Carcinoms hinzufügen, und wenn ich nicht irre, aus Foerster's Mittheilungen ein Glaucom nach künstlicher Pulsverlangsamung während einer Pneumonie-Behandlung mit Veratrin. All diese Beobachtungen lassen die Erklärung zu, dass unter geringer Triebkraft des Herzens, unter geringem arteriellen Druck eine schon bestehende Verlangsamung des venösen Blutstroms sich hinreichend steigert, um eine zu reichliche Transsudation von Flüssigkeit in den Glaskörperraum zu Stande kommen zu lassen. Damit ist der Anstoss zum Glaucom und zugleich der Circulus vitiosus gegeben. —

Ob sich die Chorioidea bei all den oben besprochenen Formen der Retinitis, die mit allgemeinen Leiden zusammenhängen, indifferent verhält, ist wohl pathologisch-anatomisch nicht durchweg untersucht worden, ophthalmoskopisch entziehen sich feinere Veränderungen der Beobachtung durch die getrübte Retina, an klinischen Beweisen fehlt es. Nur von den im späteren Verlaufe der *albuminurischen Retinitis* hinzutretenden, gröberen Entfärbungen und Verschiebungen des Pigmentes möchte ich erwähnen, dass mir ihr Vorhandensein die Prognose für das Auge sowohl, als auch für das Leben, ausserordentlich zu trüben scheint. —

Bei Gelegenheit der syphilitischen Retinitis ist die Frage, ob die bekannten Hintergrundsbilder, die von der abnormen Vertheilung des Pigmentes, den entfärbten und verfärbten Plaques, der Rareficirung und Anhäufung, Neubildung oder Einwanderung des Pigmentes in die Retina den Namen Chorioretinitis bekommen haben, ihre Entstehung einer Retinitis oder Chorioiditis verdanken, offen gelassen worden. Es dürfte hier der Ort sein, ihr näher zu treten. Entgegen Ole Bull und in vollster

Uebereinstimmung mit Foerster in Bezug auf seine Chorioiditis syphilitica, vielleicht noch weiter gehend in Bezug auf verwandte Krankheitsbilder nehme ich keinen Anstand, alle entzündlichen Processe, durch welche die inneren Aderhaut- und äusseren Netzhautschichten afficirt werden, als chorioiditisch anzusehen, und stütze mich dabei sowohl auf die Immunität der Stäbchen und Zapfen gegen Atrophia optica, Neuritis, Embolie der Centralarterie und andere Krankheiten der nervösen Elemente, als auch auf die häufige Theilnahme des Pigment- und Neuro-Epithels an unzweifelhaft richtig diagnosticirten Chorioiditiden. Wenn auch entwicklungsgeschichtlich die Grenzen der Retina gegen jeden Zweifel sicher gestellt sind, von physiologischer Seite sowohl, als von der klinischen, wird die Ernährung der äusseren Netzhautschichten durch die M. choriocapillaris aus kaum bestritten werden können. Damit aber halte ich, bis gegentheilige Beweise vorliegen, den Streit über gewisse Hintergrundsveränderungen dahin für entschieden, dass, so lange Entzündungen der inneren Retinalagen ausgeschlossen werden können, alle entzündlichen Veränderungen der äusseren Schichten für chorioidale anzusehen sind. Von diesem Gesichtspunkte aus betrachtet ist die von Foerster beschriebene

Chorioiditis syphilitica ursprünglich eine reine Chorioiditis und bleibt es, auch wenn die äusseren Retinalagen mit und ohne eingewandertes Pigment degeneriren. Nach Foerster's Beschreibung ist für ihre syphilitische Abstammung nicht sowohl Form und Farbe der chorioidalen Heerde besonders charakteristisch, als vielmehr die schnelle Ausbildung während weniger Wochen, das schnelle Entstehen von Glaskörpertrübungen, der häufige Zusammenhang mit Iritis, die Neigung zu Recidiven, die Hemeralopie, die zonulären Gesichtsfelddefecte, die Photopsien, endlich die Wirksamkeit des Quecksilbers. Unter den ophthalmoskopischen Symptomen sind die groben Pigmentveränderungen, der gelbbräunliche, marmorirte Hintergrund, der Mangel an Pigment neben den Netzhautgefässen charakteristisch genug, um eine Verwechslung mit Retinitis pigmentosa auszuschliessen, während die Differentialdiagnose gegen Chorioiditis disseminata mehr durch die langsame Entwicklung und die abweichende Function gegeben ist.

Die den späteren secundären und frühen tertiären Syphilis-Symptomen isochrone Augenentzündung ist ihrem diagnostischen Werthe nach von Ole Bull vielleicht deshalb nicht genug geschätzt worden, weil er zu seinen Untersuchungen beliebige Syphilitiker durch einander gewählt hat; wäre er von dem Problem, die Specificität der Augenentzündungen zu bestimmen, ausgegangen, so würde er mit den meisten Anderen zu der

Ueberzeugung gekommen sein, dass es wenig Symptomcomplexe gibt, aus denen mit solcher Sicherheit auf Lues geschlossen werden kann, wie aus Foerster's Chorioiditis syphilitica. An diese unbedingte Anerkennung habe ich aber zwei Einschränkungen anzuschliessen, die eine, dass Foerster's Chorioiditis mit der von mir vor Jahren beschriebenen Retinitis nichts gemein habe, viel weniger ihr, wie man behauptet hat, identisch sei; die andere, dass auch noch andere Formen von Chorioiditis disseminata auf luetischer Basis vorkommen, wenn auch nicht so charakteristische. Mithin gibt es: 1) eine pathognomonische syphilitische Chorioiditis, 2) Entzündungen, die syphilitisch sein können, es aber häufiger nicht sind, und in beiden Fällen, wenn man von der Menge der Glaskörpertrübungen abstrahirt, ein gleiches Aussehen haben (Chor. disseminata), 3) sogenannte Mischformen (Chorioretinitis), für die dasselbe gilt mit dem Zusatze, dass sie von der sogenannten Retinitis pigmentosa durchaus getrennt werden müssen. —

Der Chorioidal-Tuberkel ist, wie Cohnheim gezeigt hat, ein sicheres Symptom der Miliartuberculose und kommt bei keiner anderen Krankheit vor. Vor Cohnheim hatte Manz schon auf diesen Zusammenhang aufmerksam gemacht, ohne seine Constanz bestätigen zu können. Die Tuberkel können zu klein sein, zu peripher liegen, zu sehr vom Pigment-Epithel verdeckt sein, um ophthalmoskopisch erkannt zu werden, gewöhnlich liegen sie in der Nähe des hinteren Poles, haben halbe Papillengrösse und darüber, keinen Pigmentsaum. Je nach der Dichtigkeit des sie deckenden Epithels, das auf der Höhe am dünnsten zu sein pflegt, schwanken sie in der Farbe zwischen gelb und gelbroth. In der Differentialdiagnose zwischen Typhus und Miliartuberculose gibt ihr Vorhandensein den Ausschlag für letztere.

Die Beziehungen der Chorioidea zu anderen Krankheiten lassen sich in folgende Sätze zusammenfassen:

1. Wenn *Tuberkel der Chorioidea* ophthalmoskopisch sichtbar sind, steht die Diagnose der Miliartuberculose fest. Ihr Fehlen beweist nichts; denn sie können sich aus verschiedenen Gründen der Spiegelbeobachtung entziehen, gehören auch nicht immer zu den Initialsymptomen.

2. Die *areolare Chorioiditis* (Foerster) ist ein sicheres Symptom später secundärer oder früher tertiärer Lues. Andere Formen der disseminirten Chorioiditis können syphilitisch sein, sind es aber keineswegs immer.

3. *Die eiterige Chorioiditis* ist entweder Folge von Meningitis cerebrospinalis oder metastatisch (Puerperalfieber, Rotz, Erysi-

pelas etc.). Die erstere geht in Phthisis, die letztere in Panophthalmitis aus.

4. *Eine plastische Chorioiditis des vorderen Abschnittes* mit Glaskörperflocken und periodischen Hypopien kann das Reconvalescenz-Stadium der Febris recurrens begleiten, sehr viel seltener den Rheumatismus articulorum acutus. In der 2. Woche der *Variola* kommt eine seröse, im Verlaufe der *Lepra* eine specifisch lepröse Chorioiditis vor. Eine leichte Form mit Glaskörpertrübungen ohne äussere Injectionsphänomene kann während *Lactatio nimia* entstehen und verschwindet cessante causa.

5. *Glaucom-Anfälle* können in vorgerücktem Alter verschiedenen acuten Krankheiten folgen, wenn die Triebkraft des Herzens gesunken ist; für die *Amotio retinae* kennen wir ausser vereinzelten Fällen, in denen ein Zusammentreffen mit Neuralgien des Trigeminus beobachtet ist, nur intraoculare Ursachen. —

Iris.

Selbstverständlich nimmt an den allgemeinen Eiterungen des Augeninnern die Iris ebenfalls Theil, aber nicht primär, wenigstens lässt sich für die cerebrospinale und die metastatische Panophthalmitis leicht nachweisen, dass die Erkrankung des Corpus ciliare und vielleicht der eigentlichen Chorioidea vorangeht. Dasselbe gilt für die Febris recurrens, reine Iritiden sind selten, Iritis nach Cyclitis die gewöhnliche Combination, — auch die sehr selten den Rheumatismus acutus begleitende Iritis scheint, nach den regelmässig vorhandenen Glaskörpertrübungen zu urtheilen, eine secundäre, vom Corpus ciliare inducirte zu sein, — dass die Iritis serosa postvariolosa eine reine Form der Iritis sei, werden Alle bestreiten, welche die serösen Iritiden für glaucomatöse Krankheiten, vom Aderhaut-Tractus ausgehend, ansehen, dagegen scheint nach Angabe der Autoren eine primäre Iritis bei den Leprösen vorzukommen. So wiederholen sich in der Regenbogenhaut die constitutionellen Entzündungen des vorderen Aderhaut-Tractus nicht in der gewöhnlichen Art, dass eine primäre Iritis durch graduelle Steigerung oder continuirliche Ausbreitung zur Cyclitis führt, sondern, wie es mit der Hypothese einer entzündlichen Propagation längs der Schwalbe'sche Lymphräume besser in Einklang zu bringen ist, zunächst vom Suprachorioidalraume und dann von dem Corpus ciliare aus.

Die nahe pathologische Verwandtschaft zwischen Iris und Chorioidea macht sich auch in ihren Beziehungen zur Syphilis und zur Tuberculose bemerkbar, wiewohl in der Art dieser Beziehungen grosse Differenzen zu

Tage treten. Zunächst mag festgestellt werden, dass die sehr zahlreichen *syphilitischen Iritiden* verlaufen, ohne dass während ihres Bestehens oder nachträglich Veränderungen im Chorioidalpigmente nachzuweisen sind, dass eine Combination mit Cyclitis nicht häufiger ist, als bei anderen Iritiden, und dass die Chorioretinitis auch erst in späten Stadien das Irisgewebe in Mitleidenschaft zu ziehen pflegt. Es scheint sich hiernach die Syphilis bald in der Chorioidea propria, bald in der Iris zu manifestiren, während das Corpus ciliare nur secundär ergriffen wird. Dabei mag allerdings nicht vergessen werden, wie leicht Iritis und Chorioiditis latent bleiben und dadurch unser Urtheil täuschen kann.

Auch in Bezug auf das Stadium der Infection bestehen Analogien: mit den späten secundären und frühen tertiären Syphilis-Symptomen fallen gerade die pathognomonischen Iritiden und Chorioiditiden zusammen, in frühen Stadien scheint nur die Iris inficirt zu werden.

Die Form zeigt die meisten Differenzen. Es gibt keine Form der Iritis, wegen deren man Syphilis excludiren müsste. Meinen Erfahrungen nach ist die Iritis simplex (pericorneale Injection, Verfärbung, Synechien) die häufigste, dann folgt eine acutere Form mit etwas Lidödem, grauem Pupillarexsudate, grauröthlichen Auflagerungen auf der Iris und starker Kammerwassertrübung (fibrinhaltiges Exsudat), am seltensten ist die seröse Iritis syphilitica. Mag auch lebhafterer, besonders nächtlicher Schmerz, Neigung zu Recidiven, zur Erkrankung der beiden Augen nach einander von manchen Autoren als charakteristisch angeführt werden, für den einzelnen Fall gelten all diese Kriterien nicht, sondern nur das gleichzeitige Bestehen anderer syphilitischer Symptome oder eine sichere Anamnese; selbst der günstige Einfluss der Mercurialien ist auch bei vielen unschuldigen Iritiden unzweifelhaft nachzuweisen. Combinationen mit Roseola, Plaques der Mundschleimhaut, Condylomata lata kommen bei reiner, nicht von der Conjunctiva oder Cornea inducirter Iritis in der kleineren Hälfte aller Fälle vor, ein colossal hoher Procentsatz, der natürlich über die Häufigkeit der Iritis bei Lues nichts aussagt. Letztere wird von den Spezialisten vorläufig noch so verschieden angegeben, dass wir mit den Zahlen nichts Gescheutes anfangen können.

Hiernach wäre die Syphilis die bei Weitem häufigste unter allen Ursachen der Iritis und manifestirte sich in Formen, die von der Individualität des Kranken abhängen. Neben ihnen besteht die viel seltenere *Iritis gummosa*, gegen die übrigen charakterisirt durch ihr von der Individualität des Kranken unabhängiges spezifisches Product, das Gumma. *Die bald solitären, bald disseminirten, bald gruppenweise zusammenstehenden, an ihrer Spitze gelben, an der Basis durch reichliche Gefäss-*

Die Krankheiten des Uveal-Tractus. 83

entwicklung gelbrothen, halbkugeligen Knötchen, die eben so gut am ciliaren als am pupillaren Theile der Iris aufschiessen können, sind unter allen Umständen syphilitischen Ursprunges, es gibt also eine Iritis, in der sich die Syphilis durch das ihr eigenthümliche Product verräth. Vor Kurzem noch glaubte man ein vorgeschrittenes Gumma von dem sogenannten Granuloma iridis nicht unterscheiden zu können, in neuester Zeit aber gewinnt die Ansicht, dass die früheren Granulome unter die Tuberkel gehören, immer mehr Anhänger, und gegen den weissgrauen Tuberkel charakterisirt sich, wie ich schon vor Jahren im Anschlusse an die von Perls untersuchte Tuberculose der Iris bemerkt habe, das Gumma durch seine mehr gelbrothe Farbe (Folge seines Gefässreichthums). Ob ausnahmsweise tuberculöse Geschwüre in der Iris vorkommen, ob dieselben in allen Stadien und unter allen Complicationen von einem zerfallenen Gumma zu unterscheiden sein mögen, wissen wir nicht; die Zahl der beobachteten Iris-Tuberkel ist zu klein, die Zeit zu kurz. Immerhin würden exceptionelle Raritäten von wenig Belang sein und den Satz, dass das Gumma der Iris sich gegen den Tuberkel schon makroskopisch scharf abgrenze, nicht erschüttern.

Es ist kaum zwei Decennien her, dass die von Gradenigo beschriebenen Tuberculosen des Auges — vielleicht nicht ohne jede Berechtigung — von den Fachgenossen mit einigem Misstrauen angesehen wurden, dass bald darauf auch Perls' an dem Kinde eines constitutionell syphilitischen Vaters beobachtete Tuberculose der Iris und Retina auf Widerspruch stiess. Ich selbst hatte als Consulent das Kind öfter gesehen, in Uebereinstimmung mit dem behandelnden Arzte ein ungewöhnlich grosses Gumma diagnosticirt, auch während der Section wurden „die multiplen Gummata" noch aufrecht gehalten, bis Perls durch eine sehr genaue und minutiöse mikroskopische Untersuchung die ganze Diagnose über den Haufen warf. Die Tuberkelfrage war noch von ihrer heutigen Lösung weit entfernt, es liessen sich von dem damaligen Standpunkte noch Bedenken erheben, bis durch Cohnheim's Impfungen mehr Licht geschafft und Perls' Ansicht nachträglich bestätigt wurde. Inzwischen ist gerade die Iris als erste Entwicklungsstätte des geimpften Tuberkels für die ganze Frage von besonders hervorragender Bedeutung geworden, aber, so weit die kurzen Erfahrungen reichen, für die Impftuberculose mehr, als für die klinische. Nur so viel scheint fest zu stehen, dass der *Tuberkel der Iris* sich als locales Krankheitsproduct ohne allgemeine Infection in der Gestalt von einem oder mehreren grauen bis grauweissen Knötchen zeigt, dass er ein bedeutendes Wachsthum gegen Cornea und Sclera bis zur Perforation erreichen kann und sich spontan nicht zurückbildet. In dem oben mehrfach erwähnten Falle fanden sich noch zahlreiche Tuberkel in anderen Organen, besonders im Gehirn. Ob es zwei Formen der Iris-Tuberculose gibt, eine locale und eine andere, die dem für Miliartuberculose charakteristischen Tuberkel der Chorioidea entspräche, muss die Zukunft entscheiden. — Es bleiben uns noch zwei Formen der Iritis zu besprechen, die in den Entzündungen der Aderhaut keine Analogie zu finden scheinen.

Die gonorrhoische Iritis, die von manchen Autoren mit Unrecht bezweifelt wird, habe ich bisher gewöhnlich in der Form der Iritis simplex beobachtet, reichliches faserstoffiges Exsudat war seltener, der serösen Form kann ich mich nicht errinnern. Immer wurde ein Auge nach dem anderen ergriffen, immer bestand gleichzeitig die sogenannte Arthritis gonorrhoica, Recidive waren sehr häufig, mitunter trat die Entzündung zugleich mit einem Recidiv der Gonorrhoe auf, ohne dass eine neue Infection Statt gefunden hatte. Die directe und prophylactische Wirkung des Jodkalium, die Foerster besonders hervorhebt, kann ich vollkommen bestätigen. Das nicht seltene Vorkommen von feinen Trübungen im vorderen Abschnitte des Glaskörpers wird vielleicht auf gleichzeitige Erkrankung des Corpus ciliare zu beziehen sein, im eigentlichen Augenhintergrunde habe ich niemals Veränderungen nachweisen können. Irgend ein Symptom zu entdecken, welches den gonorrhoischen Ursprung der Iris wahrscheinlich machte, ist mir nicht gelungen. Die Erklärung der bisher räthselhaften Combination von Augen- und Gelenkleiden hat seit der Entdeckung des gonorrhoischen Micrococcus ihre Schwierigkeit verloren.

Die scrophulöse Iritis (Arlt, Klinische Darstellung der Krankheiten des Auges 1881) zu bestreiten, finde ich keinen Grund und glaube Arlt's Ansicht zu theilen, wenn ich ein gleichzeitiges oder häufiger noch primäres Ergriffensein des Corpus ciliare annehme. Gewöhnlich handelt es sich ebenfalls um eine Iritis simplex, bei der das Pupillargebiet nicht frei zu bleiben pflegt. Die Aetiologie ist, wenn alle anderen Ursachen ausgeschlossen werden können, in dem Habitus und den Ernährungsverhältnissen der Kranken gegeben. —

Die Iritiden, die weder auf plötzliche Abkühlung, noch auf Traumen, noch auf Entzündungen der Conjunctiva, der Cornea oder auf intraoculare Veränderungen (Amotio retinae, Cysticercus etc.) zurückzuführen sind, haben

 1. den Charakter der *Chorioidal-Entzündungen*, mit denen sie auch gemeinschaftlich aufzutreten pflegen, in dem Bilde der meningitischen und metastatischen Panophthalmitis, der Entzündungen des vorderen Abschnittes bei Febris recurrens, Rheumatismus acutus und Variola;

2. treten sie als syphilitische Entzündungen ohne unterscheidende Merkmale in allen Formen auf. *Nur die gummöse Iritis ist pathognomonisch.* Letzteres trifft ebenfalls zu für

3. die Form der *leprösen Iritis*, die mit der Bildung von Lepraknoten im Ciliartheile beginnt, und

4. für die *tuberculöse Iritis*. Bisher ist sie nur als locales Leiden bekannt. Ob Beziehungen zur Miliar-Tuberculose bestehen, ist noch ungewiss. Der Iris ist eigenthümlich

5. die mit Polyarthritis gleichzeitige *Iritis gonorrhoica*.

6. Eine Beziehung zur *Scrophulose* und zu kachektischen Zuständen in Abhängigkeit vom Corpus ciliare ist wahrscheinlich, ihre Form nicht charakteristisch. —

Refractions- und Accommodations-Anomalien.

Eine vorübergehende Steigerung der Hypermetropie während diphtheritischer Paralysen habe ich bei einigen jugendlichen Individuen beobachtet und vor etwa 20 Jahren in Graefe's Archiv beschrieben; aus späterer Zeit existirt noch eine Beobachtung Horner's von zunehmender Hypermetropie bei steigendem, von abnehmender bei heilendem Diabetes. Wie selten diese Erscheinung ist, vermag ich nicht anzugeben, sie hat sich in unserer Literatur voller Berücksichtigung zu erfreuen gehabt, ohne dass ich mich erinnere, gleiche Fälle aus der Praxis Anderer beschrieben gefunden zu haben. Von jüngeren Autoren ist die Richtigkeit der Beobachtung bezweifelt worden. Auf diese Art weicht man schweren Fragen leicht aus, discreditirt die Untersuchungen Anderer und gewinnt vielleicht in den Augen weniger Kurzsichtiger den Anschein, es besser zu machen. — immerhin für die Leistung ein Erfolg, wenn auch ein bescheidener, auf den nicht Viele neidisch werden dürften. Sciant sibi! Horner schiebt die Refractionsabnahme auf Verringerung des flüssigen Augeninhaltes durch diabetischen Wasserverlust. Dagegen kann geltend gemacht werden, dass bisher ähnliche Wirkungen bei der essentiellen Phthisis bulbi, bei der Cholera, nach erschöpfenden Diarrhöen nicht beobachtet sind, und dass ein Collaps der Augapfelwandung ohne unregelmässigen Astigmatismus, ein Zurückweichen der Linse ohne sichtbare Lageveränderung der Iris schwer denkbar ist, — Einwände, aber keine Widerlegungen! Die diphtheritische Refractionsabnahme habe ich durch excessive Spannung der Zonula (also auch excessive Abflachung der Linse) bei ähnlich vollständiger Lähmung des Tensor, wie wir sie etwa unter dem Einflusse des Chloroforms an den Muskeln der Extremitäten wahrnehmen, zu erklären versucht, Erkrankung der peripheren Nervenverzweigungen und der Ganglien könnten gleichzeitige Ursachen sein. Diese Hypothese bedarf zunächst der Bestätigung durch Ophthalmometrie der Linsenradien, widerlegt ist sie bisher nicht worden.

Accommodationsstörungen zeigen sich unter verschiedenen Symptomen. Die Kranken haben entweder die Fähigkeit, kleine Gegenstände (Buchstaben u. dergl.) in der Nähe zu erkennen, bei gutem Sehvermögen für die Ferne ganz verloren, oder sie können anfangs noch lesen, bald aber „verschwimmen die Buchstaben in einander", bei fortgesetzten Versuchen stellt sich Ciliarschmerz, Blendung, Lidkrampf, subconjunctivale Injection ein, oder es kommt zu Schwindel, Uebelkeit, Schmerzen oder krampfhaften Zuckungen im Gebiete entfernterer Nerven. Findet man bei der Accommodationsprüfung den Nahepunkt nicht dem Alter und der Refraction entsprechend, sondern erheblich abgerückt, so ist eine Lähmung der Nerven oder eine Anomalie der Muskeln sicher vorhanden; liegt der Nahepunkt normal, so kann durch allgemeinen Energiemangel, durch locale Kraftlosigkeit der Accommodations-Muskeln (Tensor und R. interni), durch Hyperästhesie der Ciliarnerven, durch Empfindlichkeit der Retina, selbst durch Hyperämie der Conjunctiva und durch andere ferner liegende Einflüsse die Fähigkeit des Muskels, in einem mittleren Contractionszustande längere Zeit zu verharren, verloren gegangen sein.

Für *die einfache Accommodationsschwäche* bei normalem oder abgerücktem Nahepunkte haben wir unzählige Beispiele in den *Reconvalescenzen* nach schweren, fieberhaften Krankheiten, nach Entzündungen der Pharynx-Schleimhaut und der Tonsillen, im Verlaufe tief eingreifender Ernährungsstörungen (Diabetes), nach erschöpfenden Säfteverlusten u. s. w. Bei der *Lactatio nimia* und *Masturbations-Excessen* dürfte weniger die Muskelschwäche, als Hyperästhesie der Nervencentren, eine ätiologische Rolle spielen (cfr. Papillitis bei Lactatio nimia), die Accommodationsschwäche der *Morphinisten* soll nicht eher auftreten, als die Symptome verminderter Intelligenz, geschwächten Gedächtnisses, allgemeiner nervöser Erschlaffung; bekannt ist die hartnäckige, schmerzhafte Arbeitsunfähigkeit der **Wöchnerinnen**, die zu früh von ihrem Accommodationsapparate anhaltenden Gebrauch gemacht haben, bekannt die Hyperästhesie, die nach geheilter **Variola** lange zurückbleibt, wenn während ihrer Dauer Ciliarreizungen (ohne nachweisbare Iritis oder Cyclitis) bestanden haben. Ihnen gegenüber als wahrscheinlich rein musculären Ursprunges steht die Accommodationsschwäche bei allgemeiner **Kachexie nach schweren Typhen**, nach plötzlichen Blutverlusten, nach profusen Diarrhöen besonders bei präexistirender anämischer Schwäche des Herzens und der allgemeinen Muskulatur. Die Anämie als Ursache der Muskelerschlaffung und nervösen Hyperästhesie zugleich ist zur Erklärung des lästigen Symptomcomplexes um so geeigneter, als mit ihrer Besserung auch die Folgezustände weichen.

Den Grund der Accommodationsstörung, die bei jugendlichen Hypermetropen nach der *Scarlatina* oft lange, wenn die Kräfte schon wiedergekehrt sind, zurückbleibt und besonders die abendlichen Arbeiten erschwert, möchte ich am ehesten in einer Erkrankung der peripheren Accommodationsnerven suchen, wie wir sie sehr bald bei den diphtheritischen Lähmungen kennen lernen werden. Der Nahepunkt pflegt abgerückt zu sein, Convexgläser helfen, d. h. geringen Anforderungen an den Accommodationsmuskel wird ohne Beschwerden genügt. Die Aehnlichkeit der Erscheinungen mit denen geringer diphtheritischer Accommodationsparese ist gross genug, um zu einem Vergleiche zu ermuthigen, zumal da unbedeutende diphtheritische Affectionen im Verlaufe der Krankheit übersehen werden oder latent bleiben können. Auch dass die Functionsstörung ausser Verhältniss zur Intensität des Grundleidens steht, dass die allgemeine Ernährung gut fortschreiten kann, ohne dass eine locale Besserung eintritt, ist beiden gemeinsam.

Eben so liegt es nahe, für Accommodationsschwäche nach *Febris recurrens* einen materiellen Grund im Corpus ciliare zu supponiren, vielleicht latente entzündliche Veränderungen, durch welche die Elasticität des Accommodationsmuskels und der Zonula vermindert wird; denn einerseits wissen wir, dass die Febris recurrens von allen Theilen des Auges vorzugsweise das Corpus ciliare afficirt, andererseits zwingt uns die Lehre von der Cataract, den Glaskörperkrankheiten und manchen Hintergrundsleiden, die langjährige Latenz von Circulations- und Ernährungsstörungen des Corpus ciliare anzunehmen. Gewiss haben solche Hypothesen, wenn sie nicht wenigstens zu therapeutischen Erfolgen führen, einen sehr untergeordneten Werth, aber unter Umständen könnten sie in den seltenen Fällen, die zur Section kommen, den rechten Weg zeigen, auf welchem wir die Ursache der Accommodationsstörung zu suchen haben.

Einer eigenthümlichen Erklärung, die Schmidt von der *Accommodationsparese bei Zahnleiden* gegeben hat, vermag ich mich nicht anzuschliessen. Aus 92 Beobachtungen kommt er (Foerster l. c. p. 72) zu folgenden Thesen: 1. in Folge von Reizungen der Dentaläste des Trigeminus kommt es zu Beschränkungen der Accommodationsbreite; 2. sie sind bilateral oder nur auf der kranken Seite; 3. sie befallen fast nur jugendliche Individuen; 4. sie erklären sich durch intraoculare Drucksteigerung, welche von einer reflectorisch angeregten Reizung der vasomotorischen Nerven ausgeht. — Unter 92 Fällen war die Accommodation 73 mal zu gering, mitunter besserte sie sich zugleich mit dem Zahnleiden, in 31 Fällen war die Beschränkung auf der kranken Seite grösser, 35 mal entsprach sie einer Linse von 8″ Brennweite, die Beschwerden waren so gering, dass sie meist nicht zu Klagen Veranlassung gaben.

Es will mir nicht scheinen, dass eine so hochgradige Drucksteigerung (in ihrer Wirkung auf die Accommodation der Brechkraft einer Linse von 8 Zoll Brennweite entsprechend) in 35 Fällen' weder einen acuten Anfall, noch einmal glaucomatöse Excavation erzeugt; sollte aber — etwa durch längere Vernachlässigung — später Glaucom manifest werden, dann müsste die grosse Frequenz der Ursache (92 Fälle aus dem Material eines Einzelnen) auf die Frequenzziffer der jugendlichen Glaucome schon einen sehr merklichen Einfluss haben, was nicht der Fall ist. Die Gründe, warum gerade das jugendliche Auge grössere Flüssigkeitsansammlungen vertragen kann, ohne functionell Schaden zu nehmen, sind von v. Graefe und nach ihm so oft aus einander gesetzt worden, dass ich sie übergehen kann. — Die Richtigkeit der interessanten Thatsache zu bestreiten liegt mir fern, ihre Erklärung nach pathologischen Analogien kann jedenfalls auf einfachere Weise dadurch gegeben werden, dass durch eine schmerzhafte Entzündung nicht nur die Bewegungen des kranken Theiles, sondern auch die benachbarter Organe, welche mit ihm durch sensible Nerven in unmittelbarer Verbindung stehen, gehemmt werden. Nun wissen wir, dass von tiefen Hornhautgeschwüren, schweren Iritiden, besonders von Entzündungen des Corpus ciliare, vom Glaucoma acutum heftige irradiirende Schmerzen grade nach den Dentalästen des Trigeminus ausgehen, es ist zu vermuthen, dass durch starke Contractionen des Tensor eine schon vorhandene Hyperästhesie der alveolaren Nerven gesteigert wird, was liegt näher, als die Annahme, dass forcirte Accommodationsthätigkeit bei schmerzhaften Entzündungen der Alveole vermieden wird? Damit im Einklange steht der Mangel an Beschwerden von Seiten der Kranken, sie würden unvorsichtige Accommodationsbemühungen nicht im Auge, sondern in den Kiefern spüren, wahrscheinlich ohne sich des Zusammenhanges bewusst zu werden, enthalten sich derselben aber instinctiv. Ich meine, das unwillkürliche Vermeiden aller Sinnesreize, namentlich von Seiten des Gesichts und Gehörs, das Leute, die an schweren Migränen leiden, sehr zweckmässiger Weise beobachten, gehört in dieselbe Categorie und mehr noch die scheinbar verminderte Beweglichkeit (oder richtiger: instinctive Erschlaffung) der Gesichtsmuskeln bei Tic douloureux, so weit nicht reflectorische Contractionen eintreten. Ich würde es demnach eben so leicht erklärlich finden, wenn bei acuten Alveolarneuralgien der Tensor spastisch contrahirt, die Pupille myotisch wäre, als dass bei subacuten oder chronischen Zahnleiden Accommodationsmuskel und Sphincter pupillae nur so weit functioniren, als es ohne erhebliche Zunahme der Schmerzen angänglich ist.

Das Verständniss der von allen Accommodationslähmungen häufigsten und best gekannten *diphtheritischen* verdanken wir, wie die ganze Lehre von den Refractions- und Accommodations-Anomalien, Donders. Beobachtet hatten früher schon besonders französische Autoren über Diphtheritis eine „amblyopische Functionsstörung", deren Einzelheiten auf eine gemeinsame Quelle zurückzuführen ihnen eben so wenig gelungen war, als den leitenden Faden für die Untersuchung des einzelnen Falles zu finden. Donders machte sich sofort daran, das Cardinalsymptom, das verschlechterte oder aufgehobene Sehvermögen für nahe, kleine Objecte, zu analysiren, fand, dass demselben ausnahmslos eine Lähmung des Tensor chorioideae zu Grunde liege, und schritt dann zur Beobachtung des gesammten Symptomenkomplexes weiter fort.

Es darf nicht vergessen werden, dass damals der heute elementare Begriff der Hypermetropie mit all ihren Consequenzen keineswegs allen Klinikern mit Einschluss der allertüchtigsten geläufig war, man kannte als Ursache schlechter Fernsicht die Trübungen der Medien, die Myopie und die Amblyopie, aber nicht die Hypermetropie mit Accommodationsparalyse, und musste deshalb, selbst wenn man die Ursache der Sehschwäche für die Nähe richtig diagnosticirte, die Erklärung der schlechten Fernsicht schuldig bleiben.

Anders verhielt es sich, wenn man Donders' Refractionstheorie, nach der sich die nothwendigen Functionsstörungen der Accommodationslähmung für jeden Brechzustand a priori ableiten liessen, zu Grunde legte. Nach ihr musste das Auge des Emmetropen bei guter Fernsicht die Fähigkeit zu lesen verloren haben (denn der Nahepunkt lag unendlich weit), das Auge des Hypermetropen konnte aus keiner Entfernung ein deutliches Netzhautbild bekommen (denn Nahe- und Fernpunkt waren negativ), der Myop endlich, der in einer Maximaldistanz von etwa 8 bis 10 Zoll deutlich erkannte, musste in seinem Fernpunkte (von 8—10 Zoll) lesen können, so weit ihn die Convergenzmuskeln nicht hinderten, Myopen geringeren Grades aber (etwa Mp. $1/20$ oder darunter) waren von jeder auch nur momentanen Beschäftigung in der Nähe ausgeschlossen.*) Mit dem Nachweise, dass grade diese Functionsstörung allen diphtheritischen

---

*) Der Einfachheit wegen ist nur die Paralyse, nicht die Parese, berücksichtigt, von der synergischen Thätigkeit der M. recti interni abgesehen.

Lähmungen gemeinschaftlich war, und dass ihre Varianten der jedesmaligen Refraction entsprachen, war jeder Zweifel an der Richtigkeit der Diagnose beseitigt. Die eigenthümliche Erscheinung, dass fast alle Gelähmten in Ferne und Nähe schlecht sahen, wenn auch in der Nähe schlechter, erklärte sich aus der relativen Häufigkeit der Hypermetropie im jugendlichen Alter gegenüber der Emmetropie und besonders der Myopie, vielleicht auch daraus, dass selbstverständlich die schlechtest Sehenden am schnellsten und dringendsten augenärztliche Hülfe aufsuchten.

Eine allseitige Untersuchung der Augen und der Patienten ergab folgende Resultate: die gewöhnliche Klage der Kranken war die, dass ihnen plötzlich oder sehr schnell das Erkennungsvermögen für Buchstaben in gut gedruckten Büchern verloren gegangen sei, und dass sie deshalb Erblindung fürchteten; oft traten an Stelle der Kinder die Eltern mit derselben Klage oder mit der schlauen Entdeckung, dass Simulation vorliege, die aber den bekannten Züchtigungsmitteln nicht weichen wolle. Die Augenspiegeluntersuchung ergab meist hypermetropischen oder emmetropischen Bau, sonst nichts Abnormes, die Untersuchung mit Convexgläsern, Correction oder Normalisirung der Sehschärfe, aber immer nur für eine der corrigirten Ametropie entsprechende Entfernung. Gewöhnlich war die Pupille rund und normal gross, mitunter ein wenig erweitert, auf Lichtreiz lebhaft, auf accommodative Anstrengungen träger reagirend, seltner noch konnten Paresen einzelner motorischer Aeste der äusseren Augenmuskeln constatirt werden.

Damit waren die sichtbaren Veränderungen erschöpft, das äussere Auge erschien mithin völlig oder nahezu normal. Nach übereinstimmender Angabe der Kranken oder ihrer Angehörigen wären immer beide Augen gleichzeitig, etwa 4—6 Wochen nach Beginn der Diphtheritis von Sehstörungen, die dann sehr schnell gewachsen wären, heimgesucht worden. Es handelte sich meist um Kinder in den Schuljahren oder um junge Leute, Complicationen mit Lähmungen des Gaumensegels (viel seltner der Extremitäten) kamen vor, ohne gerade häufig zu sein. Nach dem Krankheitsexamen zu schliessen, stand die Augenaffection in keinem Verhältniss zur Intensität der Krankheit, nach lebensgefährlicher Diphtheritis konnte das Sehvermögen intact bleiben, nach den allergeringsten Graden Monate lang für die Nähe gestört sein, man nahm keinen Anstand, bei Accommodationslähmungen nach Scharlach Diphtheritis zu supponiren, auch wenn sie nicht beobachtet war; denn die Erfahrung schien zu lehren, *dass schnell auftretende beiderseitige Accommodationsparalyse ohne Pupillenerweiterung nur nach Diphtheritis vorkomme, aber nicht nur nach Diphtheritis faucium, sondern auch nach Diphtheritis anderer Haut-*

und Schleimhautpartien mit Ausschluss des Hospitalbrandes, an dessen diphtheritischer Natur Foerster deshalb zweifelte.

Auch über die allmähliche spontane Heilung bestand unter den Ophthalmologen kein Zweifel, mehr darüber, ob Eisenpräparate, Chinin, Ol. jecoris etc., der constante elektrische Strom, Übungen mit schwächer werdenden Convexgläsern die Heilung förderten. Nach meinen Erfahrungen möchte ich auch diesen günstigen Einfluss der Therapie für gesichert halten.

Von pathologisch-anatomischer Seite fehlt es nicht an Befunden, die einige Aufklärung über den Zustand der Nerven geben: periphere Neuritis, interstitielle und parenchymatöse Entzündung der grauen Vorderhörner des Rückenmarkes, — Circulationsanomalien (Embolie, Thrombose, Blutungen mit secundären Erweichungen in den Centralorganen) finden sich in den Protokollen und zeigen uns wenigstens, dass nicht eine rein functionelle, sondern eine materiell begründete Paralyse dem diphtheritischen Processe angehört. Ob wir es bei der Accommodationsparese nach Diabetes nicht mit ähnlichen Vorgängen zu thun haben können? Bekanntlich zeichnen sich die diabetischen Nervenkrankheiten grade durch das Ueberwiegen der Blutungen über die entzündlichen Produkte aus. —

Scheinbar auf ganz anderem Wege haben wir die Ursachen der Lähmung bei Intoxicationen durch Wurstgift, durch Fischgift, durch verdorbenes Fleisch und bei der Trichinose zu suchen. Es liegt nahe, an eine Einwanderung der Trichinen in die Muskeln zu denken, wie sie für den äusseren Bewegungsapparat sicher erwiesen ist; aber der Tensor gehört zu den organischen Muskeln, und für die glatten Fasern ist bisher eine Einwanderung noch nicht constatirt, mithin werden wir entweder den Versuch einer Erklärung aufgeben oder an die peripheren Nerven zu denken haben.

Von den Veränderungen der Accommodation durch Intoxication (Belladonna, Strammonium etc.) soll im nächsten Kapitel die Rede sein. Nach dem bisher Erörterten hätten wir zu unterscheiden:

1. *Die Accommodationsparalyse,* deren reinstes und vollkommenstes Bild zu den nicht seltenen Symptomen der Diphtheritis gehört. Ihren Grund haben wir wahrscheinlich in Hämorrhagien und Entzündung der peripheren Nerven zu suchen. Ob die Paralysen nach Scarlatina, Diabetes, Trichinose gleicher Herkunft sind, müssen weitere Beobachtungen lehren. Für die Intoxicationen ist vermuthlich die Ursache im Centrum zu suchen. Die Reflexparalysen vom Trigeminus (Alveo-

laräste) erklären sich zwanglos ohne Einführung der Drucksteigerung als unmittelbaren causalen Momentes, die Paralysen nach Febris recurrens können möglicher Weise ihren Grund in entzündlichen Veränderungen des Corpus ciliare haben.

2. *Die Accommodationsschwäche* bald als Folge von nervöser Hyperästhesie (erschöpfende Lactation, Masturbation, Anstrengung im Wochenbett), von nervösem Torpor (Morphinismus), von Muskelschwäche und Anämie (Blutverluste, Diarrhöen, schwere Typhen, allgemeine Kachexien, Reconvalescenz nach schweren Krankheiten).

Im Allgemeinen kann nicht bestritten werden, dass mit Ausnahme der von Donders gefundenen und erschöpfend behandelten diphtheritischen Paralyse das Kapitel von den functionellen Accommodationsstörungen nichts weniger als abgeschlossen ist. Die an sich von Fehlerquellen nicht freie Methode der Nahepunktsuntersuchung stösst in vielen acuten Krankheiten auf unüberwindliche, in chronischen auf schwer besiegbare Hindernisse, das Material befindet sich zum grossen Theil in den inneren Kliniken. Von ihnen haben wir die Lösung der Aufgabe oder wenigstens die wichtigste Unterstützung zu erwarten.

Die Pupille.

Das Verhalten der Pupille ist von den älteren Autoren, denen noch keine Instrumente zur Untersuchung des Augenhintergrundes, keine brauchbaren Methoden zur Bestimmung des centralen und peripheren Sehens, des Lichtsinnes und des Farbensinnes zur Verfügung standen, mit ganz besonderem Eifer studirt worden; denn man glaubte aus der Grösse der Pupille und aus ihrer Beweglichkeit auf Lichtreiz Schlüsse auf das Vorhandensein und den Grad einer Amblyopie ziehen zu können. Bis zu einem gewissen Grade trafen diese Hoffnungen auch zu, im Ganzen aber urtheilen wir nicht zu hart, wenn wir behaupten, dass bei allen alten Beobachtungen in Summa die wissenschaftliche Erkenntniss gegenüber irrthümlichen Speculationen zu kurz gekommen ist; denn der damaligen Zeit waren die auf Verengerung und Erweiterung der Pupille wirkenden Kräfte noch lange nicht so bekannt, dass man eine gestörte Function auf ihre wirkliche Ursache hätte beziehen können.

Die Mitte unseres Jahrhunderts, in der die ersten Grössen verschiedener Specialfächer (der makroskopischen und mikroskopischen Anatomie, der Physiologie, der Optik und der Pathologie) mit voller Kraft an die Lösung ophthalmologischer Probleme gingen, ist auch für das Verständniss der Pupillarbewegung nicht unfruchtbar gewesen, wenn wir auch zugeben müssen, dass über eine der wichtigsten Vorfragen, über die Anatomie des erweiternden Apparates, des sogenannten Dilatator pupillae, eine Uebereinstimmung unter den hervorragendsten Anatomen noch nicht erreicht worden ist. Der Standpunkt der für ihre Zeit höchst werthvollen Arbeit Budge's über die Irisbewegung liegt zum Theil hinter uns, ohne dass wir schon überall festen Boden gewonnen hätten. Wollten wir dieser Lücke in unserem anatomischen und, was daraus folgt, physiologischen Wissen die Schuld dafür beimessen, dass die letzten dreissig Jahre an Stelle der alten Irrthümer nicht eine fertige Lehre von dem Verhalten der Pupille bei intraocularen und extraocularen Krankheiten geschaffen haben, so, meine ich, entlastete man die ophthalmologischen Kliniker von einer Unterlassungssünde, die sie allein zu verantworten haben. Mit den neuen, glänzenden Untersuchungsmitteln, deren Gebrauch zu erlernen die nächstliegende Aufgabe war, kam man bald mit Recht zu der Ueberzeugung, dass das Verhalten der Pupille seinen früheren Werth für die Diagnose verloren habe; man brauchte nicht mehr die Bewegungen der Iris zu studiren, um aus ihnen zweifelhafte Schlüsse auf Hintergrundskrankheiten, über deren Existenz und Wesen der Augenspiegel untrüglichen Aufschluss gab, zu ziehen und verlor damit die Aufmerksamkeit für ein Symptom, das kaum etwas Neues über die reiche tägliche Ausbeute an Krankheitsbildern, welche unser bisheriges Wissen erweiterten, aussagen zu können schien.

So leicht erklärlich und entschuldbar diese Vernachlässigung auch sein mag, so wenig kann sie gerechtfertigt werden; denn abgesehen von seiner Brauchbarkeit für ferner liegende Zwecke ist selbstverständlich das volle Verständniss jeder pathologischen Erscheinung an sich eine Aufgabe, der unsere Wissenschaft früher oder später nicht ausweichen kann. Von den Pupillarbewegungen aber zeigt sich jetzt nachträglich, seitdem man das ganze Gebiet der Hintergrundskrankheiten und Functionsstörungen des Gesichtssinnes übersieht, dass ihr genaueres Studium uns zur Ausfüllung mancher diagnostischen Lücke hätte verhelfen können, und dass namentlich für die Neuropathologie die Functionsanomalien der bei den Pupillarbewegungen concurrirenden Nerven geradezu unentbehrlich sind. Dieser Erkenntniss hat die neueste Zeit wohl verschiedene, werthvolle Aufsätze in neurologischen Archiven und Zeitschriften über die Eigenthümlichkeiten der Pupille bei Geisteskranken, bei progressiver Paralyse, bei Tabes etc., von ophthalmologischer Seite zwei Monographien, die das physiologische und pathologische Verhalten der Pupillarbewegung zu ihrem ausschliesslichen Gegenstande haben, zu verdanken.*) Auf eine

---

*) 1. Ueber Pupillarbewegung und deren Bedeutung bei den Krankheiten des

vollständige Wiedergabe ihres Inhaltes, dem ich Wesentliches entnommen habe, muss aus äusseren Gründen an dieser Stelle verzichtet werden. — Die bis vor kurzem noch allgemein geglaubte Annahme, es hänge die Pupillarbewegung von zwei einander ähnlichen und ebenbürtigen, aber in entgegengesetzten Richtungen wirkenden Muskelkräften, dem M. sphincter und Dilatator iridis ab, dürfte durch Grünhagen's unermüdliche Untersuchungen, Angriffe und Vertheidigungen so weit corrigirt sein, dass, wenn auch wahrscheinlich eine dünne Lage glatter Muskelfasern in der Iris anatomisch nicht bestritten werden kann, diese doch zur Erklärung der Dilatation keineswegs ausreicht. Die Spannung des Sphincter iridis einerseits, der Grad der Gefässspannung andererseits, das sind die Kräfte, deren Grössendifferenz in der jedesmaligen Weite der Pupille zum Ausdruck kommt; die erstere von beiden ist unter dem Einflusse des Lichtes (reflectorische Erregung des Oculomotorius von der Retina her), die letztere unter dem Einflusse der sensiblen Nerven des Körpers überhaupt und psychischer Vorgänge (reflectorische Erregung vasomotorischer Nerven von der Gehirnrinde her) in dauernder Thätigkeit.

Auf welchem Wege die Erregung der Retina den Sphincter iridis erreicht, weiss man: er führt durch den Nervus opticus zu den Corpora quadrigemina, dem Oculomotorius und dessen Pupillarästen, aber ungewiss wird der Zusammenhang schon, wenn wir gleichzeitig mit der Accommodation die Pupille sich contrahiren sehen, ungewiss nicht nur in Bezug auf den feineren Mechanismus, sondern sogar in Bezug darauf, ob die Accommodation oder die mit ihr gleichzeitige Convergenz der Sehachsen die Ursache der Pupillarbewegung ist. Ausser der Erregung durch Licht, Accommodation und Convergenz sind es noch die Reizungen der Ciliarnerven an der Oberfläche des Auges, denen der Oculomotorius reflectorisch durch Verengerung der Pupille antwortet, und starke Contractionen des Orbicularis oculi, neben denen Myosis wahrscheinlich als Resultat einer einfachen Mitbewegung zu Stande kommt. —

Die mannigfachen Nervenreizungen von Seiten der Körperoberfläche und des Gehirns, denen Erweiterung der Pupille folgt, sind noch nicht genau genug analysirt, als dass man sie nach dem Wesen ihres dilatirenden Einflusses zu Gruppen vereinigen oder von einander trennen könnte. Den Weg aber, auf welchem die periphere Erregung sich bis zur Iris fortsetzt, oder mit anderen Worten, den Verlauf der dilatirenden Fasern hat man zum grösseren Theil durch das Thierexperiment, zum kleineren durch pathologisch-anatomische Studien zu finden versucht.

Centralnervensystems von S. Rembold, Tübingen 1880. 2. Die Pupillarbewegung in physiologischer und pathologischer Beziehung von J. Leeser. Wiesbaden 1881.

In dieser Beziehung scheint festzustehen, dass ein kleiner Theil sympathischer dilatirender Fasern im Stamme des N. trigeminus verläuft, und dass zu diesen neue in der Bahn des Ramus ophthalmicus hinzutreten, — dass ein anderer Theil im Sympathicus (Ganglion supremum), im Ganglion Gasseri, Ganglion ciliare und in intraocularen Ganglien entspringt, — die meisten aber durch die vorderen Wurzeln vom siebenten bis zehnten Spinalnerven her kommen, um durch Rami communicantes zum Grenzstrange am Halse und durch diesen weiter aufwärts zu gelangen. Von der Zunge, dem Acusticus, dem Trigeminus, der Gehirnrinde ist es erwiesen, dass auf ihre Reizung Erweiterung der Pupille eintreten kann, für die hinteren Corpora quadrigemina scheint dasselbe zu gelten. Es ist leicht ersichtlich, wie weit ausgedehnt das Gebiet, auf welchem wir die Ursachen pathologischer Pupillarfunctionen zu suchen haben, wie schwer durchführbar die Begrenzung der verschiedenen Ursachen gegen einander ist. An Einzelbeobachtungen hat die neuere Literatur allmählich eine nicht unbedeutende, wenn auch lange nicht genügende Zahl aufzuweisen, dieselben zu Gruppen nach unterscheidenden Gesichtspunkten zu vereinigen, ist nicht durchweg gelungen. Im Folgenden soll versucht werden, die Ursachen, auf welche wir aus einer Verengerung oder Erweiterung der Pupille schliessen können, mit Berücksichtigung ihrer differentiell-diagnostischen Eigenthümlichkeiten aus einander zu setzen.

Die Myosis (Verengerung der Pupille) kann auf einem Spasmus des Oculomotorius oder auf einer Paralyse des dilatirenden Nerven (Sympathicus) beruhen. In beiden Fällen ist sie mittleren Grades, ihr Maximum erreicht sie nur, wenn Spasmus und Paralyse gleichzeitig bestehen. Die reine spastische Myosis wird durch Myotica (Eserin, Pilocarpin etc.) noch etwas gesteigert, durch Atropin vermindert, ohne dass volle Atropinwirkung eintritt. Die gewöhnlichen verengenden Reize (Licht, Convergenz, Accommodation) steigern sie nicht, eben so wenig vermindert sie eine mässige Beschattung. Die rein paralytische Myosis vergrössert sich, wenn der Oculomotorius durch Licht, Convergenz, Accommodation erregt wird, sehr viel mehr durch energische Einwirkung der Myotica, — sie wird durch dilatirende Reize (Erregung sensibler Neren, psychische Depression) nicht vermindert, in mässigem Grade durch concentrirte Mydriatica (Atropin, Datura Strammonium etc.). Die Erklärung liegt auf der Hand, wenn man erwägt, dass jede Weite der Pupille der Differenz oder Summe zweier Factoren, eines verengenden und eines erweiternden, entspricht.

Die Mydriasis (Erweiterung der Pupille) kann auf einem Spasmus des Sympathicus oder auf einer Paralyse des Oculomotorius beruhen. In beiden Fällen ist sie mittleren Grades, ihr Maximum erreicht sie als Folge von Contractur-Paralyse. Die rein spastische Mydriasis wird durch Mydriatica etwas gesteigert, durch Myotica aufgehoben, ohne dass völlige Myosis eintritt. Durch sensible Reize und Depression wird sie wenig oder gar nicht gesteigert, durch Lichteinfall, Convergenz nicht vermindert. Die rein paralytische Mydriasis nimmt unter dem Einfluss sensibler Reize etc. zu, mehr noch unter dem Einflusse von Atropin, — sie wird durch Licht, Convergenz etc. nicht beeinflusst, durch concentrirte Myotica bis zu einem gewissen Grade überwunden. Die Reaction auf Eserin und Atropin ist immer entgegengesetzt, aber quantitativ nicht gleich bei gleicher Concentration der beiden Gegengifte.

Die toxischen Pupillenveränderungen sind uns seit der Einführung des Atropin durch die Engländer mehr, als aus der Geschichte der Vergiftungen, aus der alltäglichen Therapie bekannt. Gewöhnlich haben wir es mit beabsichtigten, therapeutischen Wirkungen zu thun, aber nicht immer bleibt es dabei; denn sowohl durch eine Art subjectiver Idiosynkrasie sehen wir nach kleinen Dosen schon allgemeine Vergiftungserscheinungen auftreten, als auch nach und nach bei langem Gebrauche Anfangs undeutliche, später unverkennbare Intoxicationssymptome sich entwickeln. Endlich sind auch die Fälle von beabsichtigten oder zufälligen Selbstmorden durch Verschlucken von Augenwässern nicht ganz selten.

Atropa Belladonna, Datura Strammonium, Hyoscyamus niger sind die Pflanzen, die bei innerem Gebrauche und in der Form von Collyrien, zu denen unter den Alcaloiden das zuverlässigste, das Atropin, allein noch Verwendung findet, sich durch maximale Erweiterung der Pupille auszeichnen. Die Erweiterung kann bei innerem Gebrauche als frühestes Symptom einer Intoxication auftreten in steter Verbindung mit Parese oder Paralyse der Accommodation, die Pupille behält dabei ihre Form, wird aber unbeweglich und weit grösser, als bei Oculomotorius-Paralyse. Aus der Grösse der Pupille wird mit Recht geschlossen, dass es sich neben der Lähmung des Oculomotorius noch um eine Reizung der dilatirenden Fasern handeln muss. Dass die Wirkung von der Peripherie her allein erfolgen kann, machen Versuche mit Einträufelungen von Humor aqueus atropinisirter Thiere wahrscheinlich, für eine centrale Intoxication spricht ausser groben Gehirnerscheinungen die von Foerster beobachtete gleichzeitige Insufficienz der R. interni mit Diplopia cruciata beim Sehen in der Nähe. Ist der Verdacht einer Vergiftung nahe gelegt, so ist die excessive Mydriasis ein Symptom von eminenter Bedeu-

6. Die Pupille.

tung. Gegen die genannten Intoxicationen stehen die Erweiterungen, die bei Chinin-Vergiftungen gleichzeitig mit Amblyopie und Amaurose, bei Santonin-Vergiftungen gleichzeitig mit „Gelbsehen" beobachtet worden sind, in Bezug auf Frequenz und Constanz erheblich zurück. Ihre Diagnose wird durch andere, hervorragendere Erscheinungen gegeben, genauere Analysen der Selbständigkeit oder Abhängigkeit der Irisbewegung von der Amblyopie, der Beziehungen zur Accommodation fehlen. — Als locale Gegengifte stehen den therapeutischen Mydriaticis das **Eserin, Pilocarpin** und die älteren Präparate der **Calabar-Bohne** gegenüber. In gleichen Dosen halten sich die Myotica und Mydriatica nicht das Gleichgewicht, in steigender Dose gelingt es, jedes durch das andere wenigstens vorübergehend zu überwinden. Die Wirkung auf die normale Iris und Accommodation ist eine analoge entgegengesetzte: die Pupille verkleinert sich bis zur Stecknadelkopfgrösse und ist reactionslos, der Accommodationsmuskel wird spastisch contrahirt, die excessive Enge der Pupille lässt sich allein aus einem Krampfe des Sphincter nicht erklären. Untergeordnet in seiner Wirkung steht ihnen das Morphium, das bei chronischem Gebrauche die Pupille nicht regelmässig beeinflusst, bei acuten Intoxicationen (Injection oder innerlich genommen) dieselbe aufs Äusserste verengt, und andernfalls noch der Tabak (Nicotin) zur Seite. Von letzterem behaupten Einige auch bei allmählichem Missbrauche neben der bekannten Amblyopie eine mässige Myosis, die jedenfalls nicht als Regel vorkommt, beobachtet zu haben. Ueber die Art der Wirkung, wie weit central oder peripher, wie weit auf die Muskeln direct oder auf die Gefässe sich erstreckend, sind die Akten nicht geschlossen.

Dasselbe gilt von einigen **acuten Krankheiten.** Die Mydriasis, die neben Accommodationslähmung nach schweren Typhen beobachtet ist, wird vielleicht an basale, meningitische, circumscripte Processe denken lassen, aber das noch seltnere Vorkommen bei Trichinose steht, wie oben schon angedeutet worden, ohne jeden Versuch einer Erklärung da. Für die im Verhältniss zur Accommodationslähmung äusserst exceptionelle, incomplete, diphtheritische Mydriasis mag man an ähnliche Entzündungen der Ganglien und peripheren Nerven denken, wie sie im nervösen Accommodationsapparate gefunden worden sind, — ob die hochgradige Myosis im Stadium algidum der Cholera, wie v. Graefe will, vom Sympathicus herrührt, oder einen rein mechanischen Grund in der Beschaffenheit des Blutes und der Gefässwandungen hat, entzieht sich vorläufig einer begründeten Entscheidung. —

Wir gehen zu den Pupillenveränderungen über, deren locale Ursachen wir aus klinischer Beobachtung kennen. Vom *Halssympathicus* wissen wir, dass Compression desselben durch Aneurysmen, Tumoren, Narben etc. mit Myosis derselben Seite verbunden vorkommt, und dass nach Exstirpation solcher Tumoren die Pupille ihre normale Form, Grösse und Beweglichkeit wieder erhalten kann; dem entgegengesetzt hat man bei Struma und entzündlichen Processen in Folge von Reizung Mydriasis beobachtet. Die myotische Pupille contrahirt sich, wie schon angedeutet worden ist, wenig oder gar nicht auf Lichteinfall, dilatirt sich eben so wenig im Schatten, das Atropin dilatirt unvollkommen und nicht immer gleichmässig, d. h. die Form der Pupille ist nicht ganz rund. Bei manchen Lähmungen des Halstheiles entwickelt sich neben den bekannten Injections-, Temperatur- und Secretions-Veränderungen der kranken Gesichtshälfte folgendes Krankheitsbild am Auge: die Pupille ist myotisch, das obere Augenlid schlaff, hängt etwas herab (Parese des von Heinrich Müller entdeckten sympathischen, vom hinteren Rande des Tarsus rückwärts unter der Conjunctiva verlaufenden Lidhebers), der Bulbus ist in der Orbita zurück gesunken (Schwund des retrobulbären Fettzellgewebes), seine Resistenz vermindert. Es wiederholen sich in anderer Combination Symptome, die wir bei dem Herpes zoster ophthalmicus und der Keratitis neuroparalytica genauer kennen lernen werden, jedoch bestehen die Symptomencomplexe bei aller Aehnlichkeit selbständig für sich, ohne in einander überzugehen. Letzteres pflegt bei den pathologischen Pupillenveränderungen, welche Krankheiten des Gehirns und Rückenmarkes bald einleiten, bald regelmässig, bald in häufigem Wechsel begleiten, aufzuhören; die Unterscheidung, wie weit im gegebenen Falle z. B. verengende Fasern primär oder secundär gereizt, dilatirende direct gelähmt sind, oder vasomotorische Einflüsse eine entscheidende Bedeutung für Grösse, Form und Beweglichkeit der Pupille gewonnen haben, kann im einzelnen Falle eben so schwierig, als für die einzuschlagende Therapie wichtig sein. Hier berühren wir Fragen, die in gleich hohem Grade die Pathologie des Gehirns, die Psychopathien, die Pathologie des Rückenmarkes und die cerebrospinalen Krankheiten angehen. Wir beginnen mit den scheinbar einfachsten, den

Pupillarveränderungen bei Rückenmarkskrankheiten. Am bekanntesten ist die, ebenso wie die Atrophia papillae opticae, als einziges Symptom auftretende und als solches Jahre lang bestehende *spinale Myosis*. So lange dieselbe ihren rein paralytischen Charakter behält, ist die runde Pupille mässig verengt, reagirt auf alle den Oculomotorius indirect oder direct treffende Reize (Licht, Convergenz, Accommodation, Berührung der Conjunctiva) und erweitert sich nur langsam und unvollkommen bei Beschattung des Auges. Später kann sie sich bis fast zur Kleinheit eines Stecknadelkopfes verengen (secundäre Contractur des Sphincter Iridis), contrahirt sich noch um ein Weniges durch Eserin und dilatirt sich auf Beschattung gar nicht, auf Atropin kaum so weit, als es bei Oculomotoriuslähmungen der Fall sein muss.

Die pathologisch-anatomischen Veränderungen, bei denen sich diese Myosis findet, sind selten rein circulatorischer Natur und beschränken sich auch nicht immer auf die Strecke vom ersten und zweiten Brustwirbel aufwärts bis zur Medulla oblongata. Man findet ausser den Folgen von Verletzungen primäre und secundäre myelitische Erweichungsheerde, multiple Sclerose, Muskelatropie mit Atrophie des Halsmarkes, graue Degeneration der hinteren und vorderen Stränge des Halstheiles mit Degeneration des Sympathicus.

Für die eigenthümliche Thatsache, dass bei vorgerückter spinaler Myosis die Pupille sich nicht auf Lichtreiz, wohl aber bei der Accommodation (resp. Convergenz) contrahire, gibt Rembold folgende Erklärung: wenn durch eine Krankheit der Hinterstränge die Leitung zwischen den sensibeln Körpernerven und dem Dilatationscentrum der Iris unterbrochen ist, werden die Gefässmuskeln der Iris allmählich schlaff und setzen dem Orbicularis keinen Widerstand entgegen. Dabei kann die Pupille so eng werden, dass die Wirkung einer geringen Zunahme der Orbicularisspannung auf Lichtreiz nicht bemerkbar ist, während die stärkere mechanische Verlängerung der Iris durch venöse Stauung während des Accommodationsaktes sich der Beobachtung nicht zu entziehen braucht.

Der paralytischen spinalen Myosis entspricht eine *spastische spinale Mydriasis*, die unmittelbar oder reflectorisch zu Stande kommen kann. Wir gehen dabei von der Annahme aus, dass gewisse pathologische Processe im Rückenmarkskanal und den Häuten, ehe sie durch Compression oder Zerstörung des Markes lähmen, direct oder durch secundäre Meningitiden reizen.

Direct sehen wir bei der *Pott'schen Krankheit* Mydriasis entstehen durch Reizung der im Rückenmark zum Sympathicus centrifugal verlaufenden Bahnen. Bald handelt es sich um Neuritis oder Perineuritis der vom Rückenmark ausgehenden Nerven, bald um eine Pachymeningitis, bald um Deformitäten der Wirbelsäule, die das Lumen des Kanals verengen und das Rückenmark reizen. Ist das Rückenmark zerstört, so ist die Leitung zu dem Dilatationscentrum unterbrochen, und an die Stelle der Mydriasis tritt die Myosis, — bleibt umgekehrt das Rückenmark selbst frei, so gibt es keine Veränderungen an der Pupille. Aehnlich wirken *traumatische Deformitäten der Wirbelsäule, Tumoren, Apople-*

xien und circumscripte Entzündungen der Meningen. Auch die Mydriasis bei *Tetanus* lässt sich einfacher durch erhöhte Reizbarkeit des Rückenmarkes, als der peripheren Nerven erklären.

Reflectorisch beobachten wir eine binoculare, meist vorübergehende Mydriasis in frühen Stadien der Tabes gleichzeitig mit den bekannten periodischen Schmerzanfällen, die von Fieber begleitet zu sein pflegen. Aller Wahrscheinlichkeit nach handelt es sich um Reizungen der Hinterstränge, die sich vorzugsweise auf das pupillodilatatorische und auf das vasomotorische Centrum fortpflanzen.

In neuester Zeit ist die *Dilatation der Pupille auf sensible Reize* an Geisteskranken und Tabetikern der Berliner Charité-Abtheilung sorgfältig untersucht worden.*) Bei Epileptikern, Comatösen, Hypochondrischen erfolgte sie ungestört, während sie bei Paralytikern und Tabetikern oft ausblieb, und zwar sehr viel häufiger, wenn gleichzeitig das Kniephänomen fehlte, als wenn dieses unverändert war. Die Starre auf sensible Reize, die in Uebereinstimmung mit Erb immer gleichzeitig mit Starre auf Lichteinfall zur Beobachtung kam, wurde also bei den Paralytikern seltner gefunden, wenn nur die Pyramidenbahnen, als wenn gleichzeitig die äusseren Abschnitte der Hinterstränge im Lendenmark erkrankt waren. Aus dem Verhalten der Epileptiker etc. ergab sich, dass ein Grund, den Sitz der Pupillenstarre, wie es geschehen war, für einen cerebralen zu halten, nicht vorliege, dass es sich vielmehr um eine Erkrankung des Sympathicus oder um eine Störung an der Uebergangsstelle des Reflexes im Mittelhirn resp. der Medulla oblongata handle.

Die Frage, in wie weit dabei einerseits der Sympathicus als unmittelbar auf die bewegenden Kräfte der Iris wirkender Nerv, andererseits die von ihm abhängige Blutfülle der Iris in Betracht kommt, ist bei dieser Gelegenheit nicht weiter gefördert worden, so sehr auch ihre Wichtigkeit grade bei Versuchen, die Pupillar-Reaction der progressiven Paralyse zu erklären, in die Augen fällt. Bekannt ist grade bei dieser Krankheit die Häufigkeit ein- oder beiderseitiger, meist incompleter Myosis oder Mydriasis, bekannt die Ungleichheit der Pupillen, der Wechsel auf demselben Auge und das Springen von einem Auge auf's andere innerhalb weniger Stunden, bekannt, dass einseitige Mydriasis mit Accommodationsparese (öfter vorübergehend als bleibend) ein ominöses Symptom drohender Dementia paralytica ist. Für all diese flüchtigen Zustände an Circulationsstörungen in der Iris zu denken, wie wir sie für andere, der

---

*) Moeli im Archiv für Psychiatrie 1882, p. 601.

psychischen Sphäre zugehörige Erscheinungen im Cerebrum voraussetzen, liegt nahe genug.

Auch die oben erwähnte Contraction der myotischen Pupille bei convergirenden Sehachsen und Accommodationsanstrengung, während die Contraction auf Lichteinfall aufgehoben ist, lässt sich in Rembold's Sinne nur aus einer lange bestehenden Degeneration der Hinterstränge erklären. Wo für letztere alle Anzeichen fehlen, wird man mit Wernicke, der bei 13 Untersuchten jedesmal Erkrankungen des Centralnervensystemes fand, an eine Unterbrechung der Bahn zwischen Opticus und Oculomotorius denken müssen.

Wohin wir auch unsere Blicke wenden mögen, bei den spinalen Erkrankungen sind wir noch weit davon entfernt, die Ursachen und die Bedeutung der wechselnden Pupillarfunctionen erkannt zu haben. Zu den wenigen oben angegebenen allgemeinen Regeln dürfte sich noch hinzufügen lassen: 1. *dass jede Mydriasis mittleren oder geringeren Grades, bei der die Reaction auf Licht und Accommodation vollständig oder wenigstens gleichmässig aufgehoben ist, eine Paralyse oder Parese der Oculomotoriusäste bedeutet;* 2. *dass geringe oder fehlende Reaction auf Licht bei guter Reaction auf Convergenz niemals vom Oculomotorius herrührt.*

Noch complicirter wird das Studium der Pupillarbewegung, wenn wir dieselbe als Symptom einer Gehirnkrankheit verstehen sollen. Zu allen Schwierigkeiten, die wir bisher kennen gelernt haben, kommen: die Unmöglichkeit des Experimentirens mit bewusstlosen Kranken, die Schwankungen des intracraniellen Druckes im Verlaufe eines und desselben Hirnleidens, der von den Opticus-Krankheiten her bekannte Einfluss des Druckes auf die intraoculare Circulation, und vor Allem der Einfluss circumscripter Exsudationen und dergl. auf die grossen Kerne resp. den extracerebralen Verlauf der Contraction und Dilatation beherrschenden Nerven. Nichts desto weniger lässt sich in der constanten Wiederkehr der Erscheinungen bei denselben Krankheiten eine gewisse Gesetzmässigkeit erkennen, die uns berechtigt, einen causalen Zusammenhang anzunehmen, wenn uns auch die Art desselben verschlossen ist und vielleicht noch lange bleiben wird.

Für eine ganze Gruppe von Gehirnerscheinungen, die mit kurzer Contraction der Pupille beginnen und sehr bald zu einer längeren excessiven Dilatation übergehen, kann neben den bekannten Kussmaul-Tenner'schen Versuchen das Cheyne-Stokes'sche Respirationsphänomen als Paradigma gelten, wenn wir Respirationscentrum und Dilatationscentrum in gleicher Art functioniren lassen. Bei dem Cheyne-Stokes'schen Respirationsphänomen ist nur noch eine Ueberlastung des Blutes mit Kohlensäure im Stande, das gegen gewöhnliche Reize stumpfe Dilatationscentrum zu erregen, deshalb muss eine längere Athempause vorhergegangen sein, ehe die Pupille sich dilatirt; sind dann einige hastige Inspirationen erfolgt, so wird die Pupille wieder enger. Es kann sich bei diesem Symptomencomplexe nicht um eine reine Entspannung des Oculomotorius handeln, weil die Pupillenerweiterung zu gross ist, es lässt sich auch der Einfluss der Irisgefässe nicht bestreiten, weil man die Pupillenverengerung bei präexistirender Oculomotoriusparalyse beobachtet hat. Nur ob die Reizung des Dilatationscentrums direct durch die Kohlensäure oder reflectorisch vom Gehirn aus erfolgt, bleibt unentschieden.

Von den Kussmaul-Tenner'schen Versuchen soll in Kürze recapitulirt werden, dass bei plötzlichen, starken Blutverlusten aus den Halsarterien neben Bewusstlosigkeit und Convulsionen Pupillenerweiterung eintrat, während bei allmählichem Bluten die Pupille sich zuerst contrahirte; dasselbe fand nach Unterbindung der linken A. subclavia bei Compression des Truncus anonymus Statt, zuerst Gehirnerregung mit Myosis, dann Gehirnlähmung mit Mydriasis. Compression der V. jugulares externae erzeugte Pupillenverengerung, venöse Blutentziehungen am Halse Pupillenerweiterung.

Den Resultaten dieser Experimente entspricht die plötzliche Mydriasis nach erschöpfenden Metrorrhagien, Nasenbluten, Operationen mit grossem Blutverluste, Punctio abdominis etc., die Pupillenenge im ersten, die Erweiterung im zweiten Stadium des Hydrocephaloid der Kinder, der Wechsel im Verhalten der Pupille bei apoplektischen Insulten und urämischen Convulsionen je nach der Höhe der Drucksteigerung, ebenso im eclamptischen und epileptischen Anfalle. Auch bei der Commotio cerebri wird man aus der Dilatation der Pupille auf den Grad der Gehirn-Anämie, aus Ungleichheit der Pupillen in schweren Fällen auf andere, gleichzeitige, materielle Veränderungen schliessen können.

Bei den fluxionären Formen der Gehirn-Hyperämie pflegt neben cerebralen Erregungszuständen die Pupille eng zu sein. Bei ungleicher Blutfülle in beiden Hemisphären hat man neben einer engen Pupille die zweite ad maximum dilatirt gefunden, chronische venöse Hyperämie soll mässige Mydriasis (durch Parese des Oculomotorius), acute soll starke Pupillenenge (durch Stauung in den Venen der Iris?) bewirken.

Die verschiedenen Formen der Meningitis gestatten keine so einfache Erklärung. Höchst wahrscheinlich beruht die anfängliche Myosis auf einer Reizung des Oculomotorius, der Hippus vielleicht auf einem gleichzeitigen Reizzustande des Oculomotorius und der Hirnrinde. Im zweiten Stadium der Meningitis simplex aber kommt Verengerung, geringe Erweiterung, Ungleichheit, verschiedene Reaction auf Lichteinfall vor und wechselt während des Verlaufes, wie die begleitenden Heerdsymptome. — Die Basalmeningitis pflegt ebenfalls mit Pupillenenge einzusetzen, dann aber nimmt die Erweiterung zu, die Reaction auf Licht ab, die Durchmesser der Pupillen werden ungleich. Es ist unmöglich, den Ort an der Basis, an welchem das Exsudat auf die Nerven oder Nachbargebilde (C. quadrigemina) drückt, zu bestimmen, während man allenfalls bei der Meningitis simplex die weitere Pupille der am meisten durch Exsudat comprimirten, also der anämischen Hemisphäre zur Last legen kann. — Auch für die Meningitis cerebrospinalis, so weit nicht etwa die Form der Pupille durch eitrige Chorioiditis bedingt ist, bleibt nichts übrig, als der Myosis eine entzündliche Reizung des Oculomotorius, vielleicht verbunden mit Hemmung des Blutrückflusses aus der Iris, unterzulegen. Wo es sich um eine Differentialdiagnose zwischen reinen Circulationsstörungen und Entzündungen mit Exsudatbildung handelt, wird ungleiche Weite der Pupillen neben anderen Heerdsymptomen meist für Entzündung sprechen.*)

Für die Localisirung circumscripter Gehirnkrankheiten geben die Veränderungen der Pupille wenig Halt. Einiges hierauf Bezügliche, wovon in der Einleitung und in dem Capitel über Krankheiten der Muskelnerven schon die Rede war, soll nochmals in Kürze berührt werden. Einseitige, totale, intracranielle Amaurose mit Mydriasis und aufgehobener Reaction gegen Licht bedeutet Leitungshemmung im Opticus zwischen Chiasma und Orbita, die Krankheiten eines einzelnen Tractus verlaufen ohne bestimmte Pupillarsymptome, Zerstörung des Chiasma bedingt totale Amaurose mit Mydriasis und aufgehobener Lichtreaction. Geringe oder fehlende Reaction auf Licht bei guter accommodativer Reaction weist, sofern nicht Rembold's Erklärung für die Tabes und progressive Paralyse gilt, auf eine Störung in dem Leitungsbogen zwischen Retina und Oculomotorius, — Tuberkel, Atrophie, Sclerose der Vierhügel sollen die Pupillen, namentlich die Gleichheit der Pupillen, beeinflussen, aber das Sectionsmaterial reiner Fälle ist zu winzig, um bestimmte Regeln aufzustellen. Unter den Symptomen der inselförmigen Sclerose macht Manz auf „Ptosis, Strabismus, ein- oder doppelseitige Mydriasis, träge Pupillenbewegung" aufmerksam; für manches Initialstadium dürfte der Hippus ihnen angeschlossen werden können. Ueber die Diagnose einer Krankheit des Pedunculus aus Functionsstörungen des Oculomotorius in Verbindung mit Lähmung der Extremitäten, über ihr Fortschreiten

---

*) Rembold l. c. p. 65 sq.

auf die andere Seite, über basale Processe und deren Diagnose aus der successiven Paralyse verschiedener Nerven ist oben schon gesprochen worden, ebenso über das Verhältniss der Lues zu basalen Gummata, aber zu erwähnen bleibt noch, dass wir die Ursachen der Lähmungen nicht immer am Sitze der Centren, sondern im ganzen Verlaufe der zu ihnen reflectorisch führenden Bahnen zu suchen haben. In den bei weitem meisten Fällen haben wir es mit eindeutigen Heerdsymptomen nicht zu thun. Vielleicht darf die Ungleichheit der Pupillen in so fern auf einigen Werth Anspruch erheben, als sie bei diffusen intracraniellen Erkrankungen auf verschieden vertheilte Exsudate, bei Commotio auf Complicationen schliessen lässt.

Glaskörper und Linse.

Was uns klinische Beobachtungen seit der Erfindung des Augenspiegels über den Glaskörper gelehrt haben, ist dürftig und in wenige Worte zusammenzufassen. Blutungen, entzündliche Opacitäten, Membranen, Cholestearin, der Rest einer fötalen A. hyaloidea, der Cysticercus waren wenigstens in den hinter dem Drehpunkte gelegenen Partien mit dem blossen Auge allein und mit der Convexlinse (als Loupe oder als Mittel für die sogenannte seitliche Beleuchtung) in früheren Zeiten nicht zu diagnosticiren. Die „diffuse Glaskörpereiterung", den mehr circumscripten „Glaskörperabscess" kannte man als eine Theilerscheinung der Panophthalmitis oder als einen Vorboten entzündlicher Phthisis, die „Verflüssigung" vermuthete man aus der Form des hochgradig myopischen Auges, wenn die Mouches volantes und die beweglichen Scotome ganz besonders weite und schnelle Excursionen machten, und konnte sie bei Sectionen nachweisen, auch die leuchtenden „Cholestearinpünktchen", die der ophthalmoskopischen Untersuchung sich niemals entziehen, hatte man unter besonders günstigen Umständen während des Lebens gesehen (Synchysis scintillans), die „Schrumpfung des Glaskörpers" bei totaler Amotio und im Allgemeinen im phthisischen Auge oft genug post mortem constatirt.

Aber trotz der ausgesprochenen Richtung einer vergangenen Periode, für locale Leiden allgemeine Ursachen zu ersinnen und verschiedene Krankheitsprodukte auf verschiedene constitutionelle Grundkrankheiten zurückzuführen, wollten sich für die mannigfachen handgreiflichen Veränderungen des Glaskörpers keine Commentatoren finden, welche es übernommen hätten, die grosse Lücke zwischen Ursache und Wirkung auszufüllen.

Wir sind heute nicht viel weiter gekommen. Von den metastatischen Entzündungen abgesehen, beobachten wir mit Verwunderung, wie die schwersten fieberhaften Processe bei tief darnieder liegender Ernährung verlaufen, ohne dass bis zum Ende die Durchsichtigkeit des Glaskörpers getrübt wird, wie chronische Intoxicationen, denen der Sehnerv mit der Papilla optica nicht widerstehen kann, an dieser eine Grenze finden, die sie gegen das Innere des Auges hin nicht überschreiten, und durch immer sich erneuernde positive und negative Erfahrungen auf pathologischem Gebiete sehen wir die Annahme bestätigt, dass Glaskörperveränderungen nur als Symptome retinaler und viel öfter noch chorioidaler Entzündungen Berücksichtigung verdienen.

Dabei wird von der Verflüssigung, der eigentlichen Atrophie, die sich, so lange die normale Transparenz einigermaassen erhalten ist, auch ophthalmoskopisch während des Lebens nicht immer diagnosticiren lässt, abgesehen und nur „die Blutung, die Opacitäten, Membranen etc." ins Auge gefasst werden müssen.

Es ist eine selten, aber sicher beobachtete Thatsache, dass Kinder und jugendliche Individuen von schweren recidivirenden Glaskörperblutungen, die das Sehvermögen in hohem Grade gefährden, heimgesucht werden. Mitunter besteht gleichzeitig oder alternirend Nasenbluten, mitunter halbseitiger Migräne-Kopfschmerz mit und ohne Erbrechen, selten Schwindel; Klappenfehler am Herzen sind nicht nachzuweisen, aber starker Spitzenstoss und mitunter Verbreiterung des rechten oder linken Ventrikels. Es hat den Anschein, als ob die nervösen Symptome nicht die Ursachen der Blutungen, sondern vielmehr Symptome der allmählich zunehmenden Anämie wären, und als ob Gefässkrankheiten den Hämorrhagien zu Grunde lägen. In zwei solchen Fällen sah ich unter wachsender diffuser Trübung der Medien Glaucom entstehen und durch Iridectomie heilen, die Kopfschmerzen wichen allmählich einer tonisirenden Behandlung und blieben ohne jeden Einfluss auf das Auge. — Eben so wenig haben eine sichere Erklärung Glaskörperblutungen während der Gravidität gefunden, von denen ich einige ohne sonstige Symptome, andere nach vorübergehenden Gehirnleiden (Meningitis?) mit Bewusstlosigkeit und Delirien beobachtet habe.

Bei Gelegenheit der Retinakrankheiten haben wir oben der Blutungen in Retina und Glaskörper, die sich im Krankheitsbilde der venösen Hyperaemia retinae, der Stauungspapille, der Venenthrombose, der Retinitis albuminurica etc. finden, gedacht. Gewöhnlich sind es Hämorrhagien aus Retinagefässen, an denen sich auch wohl die Durchbruchsstelle nachweisen lässt, viel seltener aus neu gebildeten Gefässen, die von der Papille aus in den Glaskörper hineinsprossen. Zu diffusen Glaskörpertrübungen kommt es dabei nicht, wohl aber bei den Stauungen im Gebiete der Chorioidalvenen, die vielen, wenn nicht allen Glaucomen zu Grunde liegen und bald längere Zeit persistiren, bald nach wenigen Stunden und in noch kürzerer Zeit verschwinden. Was wir sonst noch von dem Verhältnisse der Glaskörperleiden zu allgemeinen Krankheiten wissen, ist bei den Krankheiten des Uvealtractus, der Retina und der Accommodation erwähnt worden.

Für die Krankheiten oder richtiger für die Trübungen der Linse ist das Material, das uns zur Verfügung steht, weit reichlicher, womit allerdings nicht gesagt ist, dass auch unsere Erkenntniss in Bezug auf die Wirkungsart der zu Grunde liegenden Krankheiten sehr viel weiter vorgeschritten sei. Schon der Einfluss des Alters auf die Entstehung corticaler Trübungen und ihre Entwicklung zur Cataracta senilis, ferner die relative Häufigkeit der Cataracta congenita und die unbestrittene Heredität nicht complicirter Altersstaare, endlich auch die acuten Trübungen, die wir bei manchen Entzündungen unter unseren Augen auftreten sehen, — sollten die Annahme, dass endlich die Erkenntniss des zwischen localem und allgemeinem Leiden Vermittelnden gefördert sei, unterstützen, aber leider haben wir es nicht weiter gebracht, als neben einem mässig grossen Material sicher gestellter Beobachtungen zu einigen, mehr weniger wahrscheinlichen Hypothesen.

Die Augenentzündungen, aus denen die Linse bleibende und oft wachsende Trübungen davon trägt, betreffen noch ausschliesslicher, als wir es eben beim Glaskörper gefunden haben, den Uvealtractus. Wo wir nach der Variola, nach der Febris recurrens, im Verlaufe constitutioneller Syphilis die hintere Polargegend im Centrum getrübt und später Cataract sich entwickeln sehen, da werden wir bald aus den Angaben der Kranken und ihrer Angehörigen, bald aus pigmentirten Präcipitaten auf der vorderen Kapsel, aus Glaskörperflocken und Pigmentveränderungen des Hintergrundes nachträglich zu der Ueberzeugung gelangen, dass eine Cyclitis oder Chorioiditis abgelaufen ist, und umgekehrt werden wir, wenn sich anamnestisch eine unter Entzündungserscheinungen zur Reife gelangte Cataract feststellen lässt, selten irren, wenn wir darauf rechnen, nach der Extraction noch auf eine Trübung der hinteren Kapsel zu stossen. Selbst unter dem Einflusse einfacher chronischer Hyperämie im Gebiete der vorderen Ciliaren sehen wir schon in mittlerem Lebensalter periphere Corticalstreifen oder Dreiecke sich, wie im Anfang der Cataracta senilis, trüben und gleichzeitig das Sehvermögen ausser Proportion zur Durchsichtigkeit der Medien und ohne ophthalmoskopischen Befund abnehmen. Wo sich als indirecte Ursache der Ciliar-Hyperämie Plethora abdominis wahrscheinlich machen lässt, gelingt es nicht selten, durch eine Trinkkur in Carlsbad oder Marienbad die Function zu verbessern. — Für den Einfluss von Circulationsstörungen auf die Entwicklung der Cataracten jedes Alters sprechen Untersuchungen von Michel, nach denen einseitige atheromatöse Gefässentartung und gleichseitige Cataract zu oft vorkommen, als dass man ein zufälliges Zusammentreffen annehmen könnte.

Der histologische Charakter der Linse als eines epidermoidalen Gebildes hat manche Autoren bewogen, auf die Beziehungen zwischen Hautkrankheiten und Cataract zu vigiliren. So dankenswerth diese Bemühungen sind, hat es bisher weder uns gelingen wollen, in der Anamnese oder dem Status präsens unserer Cataractösen die Hautkrankheiten häufiger, als alle möglichen anderen, zu finden, noch haben die Dermatologen der Hypothese eine genügende Stütze schaffen können; aber an vereinzelten interessanten Beobachtungen fehlt es nicht. Die von Mooren schon früher aufgestellte und durch eine neuerdings publicirte Monographie keineswegs erwiesene Behauptung, dass chronische Hautausschläge die Bildung von Cataract fördern, gibt Foerster nur für den Fall, dass die Exantheme einen marastischen Zustand hervorrufen, zu, aber er citirt als Unicum eine höchst interessante Beobachtung Rothmund's über das Zusammentreffen von Cataract mit einer eigenthümlichen, bisher nicht beschriebenen Hautdegeneration an fünf Kindern aus drei Familien in verschiedenen Dörfern eines abgelegenen Hochthales in Vorarlberg. Die gesunden Eltern hatten zusammen 14 Kinder, von diesen erkrankten sieben zwischen dem dritten und sechsten Lebensmonate an der Hautkrankheit, fünf von diesen letzteren, die zwischen zwei und fünf Jahren alt waren, litten zugleich an schnell progressiven beiderseitigen Linsentrübungen. So sehr interessant die Beobachtung ist, so wenig ist mit ihr anzufangen; grade wegen der Seltenheit der Hautkrankheit möchte ich fast eher die beiden Curiositäten von einer allgemeinen Ernährungsstörung, als eine von der anderen abhängen lassen. Dass solche allgemeine Ernährungsstörungen nicht ohne Einfluss auf die Transparenz der Linse sind, wissen wir von *den marastischen Linsentrübungen*, die, wie der Arcus senilis corneae, nach erschöpfenden Krankheiten, Blutungen etc. in frühen Jahren auftreten und stationär zu sein pflegen. Häufiger noch sieht man aus demselben Grunde und selbst nach traumatischen Blutverlusten aus präexistirenden winzigen Trübungen totale Cataracte hervorgehen, ohne dass man bei der Untersuchung der Organe und der Excrete physikalische oder chemische Abnormitäten nachweisen kann. Die letzteren haben, seitdem die Piqûre gerechtes Aufsehen erregt hat, eine grosse Rolle gespielt bei der Auffassung der

Cataracta diabetica. Ob man Recht hat, mehr als eine Form von diabetischer Cataract anzunehmen, möchte ich bezweifeln, jedenfalls gibt es nur eine Form, die für den Diabetes charakteristisch ist. Sie befällt mit sehr seltenen Ausnahmen beide Augen fast zugleich, tritt acut auf und präsentirt sich als eine milchige, bläuliche, diffuse Trübung, die das Sehvermögen in hohem Grade beeinträchtigt. Die vordere Augenkammer ist wegen starker Convexität der Linse eng (besonders in der Mitte), die Trübung sitzt immer unmittelbar unter der vorderen, meist zugleich unmittelbar vor der hinteren Kapsel, ist gewöhnlich gleichmässig, seltner aus den bekannten, gegen die Mitte hin convergirenden Dreiecken zusammengesetzt, die ganze übrige Linse bis zum hinteren Pole ist durchsichtig, trübt sich aber schnell nach und nach oder plötzlich über Nacht und gleicht dann den weichen kernlosen Cataracten jugendlicher Individuen. So weit ich mich erinnere, waren die von mir beobachteten Kranken in hohem Grade abgezehrt, litten an vorgeschrittener Tuberculosis pulmonum und hatten kaum das 20. Lebensjahr überschritten. Die Cataracten liessen sich durch den alten cornealen Linearschnitt mit und ohne Iridectomie sehr leicht extrahiren und heilten unter subnormalen Injectionserscheinungen. Einige Wundeiterungen, von denen ich eine sogar nach der Discission beobachtet habe, lassen mich vermuthen, dass das in hohem Grade marastische Auge der Einwanderung und Entwicklung von Mikroorganismen wenig Widerstand leistet. Seit der Einführung einer antiseptischen Behandlung ist kein Auge mehr verloren gegangen.

Die Hypothesen über die Entstehung der Cataract fassen den diabetischen Marasmus, den Wasserverlust (man erzeugte Cataract bei Fröschen durch Injection von Kochsalzlösung in den Mastdarm), die chemische Wirkung des im Humor aqueus sich in Milchsäure umsetzenden Zuckers in's Auge. Vielleicht ist jede für sich allein nicht im Stande die Thatsachen zu erklären. Die Einwirkung der zuckerhaltigen Flüssigkeiten halte ich für die zunächst berechtigte; denn es gibt kein Beispiel acuter diabetischer Cataractbildung ohne Zucker, und bei allen bisher beobachteten war die Prozentzahl des Zuckers hoch. Sollte weitere klinische Beobachtung ähnliche Bilder bei erträglichem Kräftezustand und mässigem Wasserverlust zeigen, so würden wir auf beides wenig Gewicht zu legen haben, vorläufig aber ist Marasmus und massenhafte Urinausscheidung noch so häufig gleichzeitig beobachtet worden, dass wir beide als Factoren, welche die Resistenz der Linse schwächen oder unter Umständen für sich allein schon Trübungen veranlassen können, gelten lassen müssen, wenn auch zu Gunsten des Wasserverlustes vorläufig nur der Thierversuch eine entscheidende Stimme abgeben kann.

Einen Beweis für die wichtige Rolle, die wir dem Zucker zuertheilen müssen, glaube ich in einer anderen Form von Cataract zu finden, die sich von der C. senilis durch nichts unterscheidet, als vielleicht durch ihren rascheren Verlauf zur Reife. Seitdem man in einigen Kliniken den Urin jedes Cataractösen untersucht, hat sich 1. gefunden, dass derselbe bei einer nicht allzu geringen Procentzahl der Kranken Albumen enthält (Deutschmann); 2. dass ein mässiger Zuckergehalt ohne alle Allgemeinsymptome sehr viel häufiger ist, als man bisher angenommen hatte. Die Kranken stehen in dem für Cataract gewöhnlichen Alter, auf dem zweiten Auge, das lange leidlich normal bleiben kann, finden sich neben einzelnen äquatorialen Rindenstreifen die von Foerster zuerst beschriebenen perinuclearen Trübungen der Cataracta senilis, von der sich der gereifte Staar durch nichts unterscheidet. Allgemeinzustand und Wasserverlust zeigen nichts Pathologisches, die Extraction verläuft normal, die Heilung ebenfalls. Es liegt nahe anzunehmen, dass bei präexistirenden Corticaltrübungen der Reiz zuckerhaltiger Ernährungsflüssigkeit genügte, einen Anstoss zur Cataractbildung zu geben. Soll man diese Staare diabetische Cataracten nennen? Mit Rücksicht auf die Aetiologie ist es allenfalls erlaubt, mit Rücksicht auf die Form und den Verlauf keineswegs.

Die beiden brechenden Medien zeigen den verschiedenen Krankheiten des Körpers gegenüber ein sehr abweichendes Verhalten:

Der Glaskörper erscheint, was seine Durchsichtigkeit anbetrifft, vollkommen indifferent. Alter, Erschöpfung, Fieber, Intoxication verändert seine makroskopische Beschaffenheit nicht. Nur durch metastatische Abscesse sehen wir Eiterungen in ihm entstehen und diffundiren, deren Erreger vermuthlich nicht direct, sondern durch Vermittlung der Chorioidal- oder Retinalgefässe in ihn hineingelangen. Die Blutungen, die wir bei gewissen Circulationsstörungen in ihm antreffen, sind Blutungen aus Chorioidal- oder Retinalgefässen.

Die Durchsichtigkeit *der Linse* ist nach vielen Richtungen von Allgemeinzuständen abhängig. Der (sit venia verbo) fast physiologischen *Cataracta senilis* entspricht eine *Cataracta praematura* in Folge von allgemeinen Erschöpfungszuständen, die als begünstigende Momente auch bei der *Cataracta diabetica* und der Cataract in Folge von Intoxication durch Mutterkorn eine Rolle spielen. Der Einfluss chemisch veränderter Ernährungsflüssigkeit zeigt sich am eclatantesten im Diabetes, während das relativ häufige Vorkommen von Albumen im Urin Cataractöser noch einer Aufklärung bedarf. Ob ein directer Zusammenhang mit *Krankheiten der Haut* besteht, oder ob nur durch langwierige

Hautkrankheiten Erschöpfte Linsentrübungen acquiriren, ist vorläufig noch nicht erwiesen, aber fest steht die Abhängigkeit von einigen Allgemeinkrankheiten durch Vermittlung der Chorioidea (*Febris recurrens, Variola, Syphilis*), ferner der *congenitale und hereditäre Ursprung*.

Cornea.

Wenn wir von den zahlreichen Hornhautentzündungen, welche entweder durch directe Fortpflanzung oder durch Infection von der Conjunctiva aus entstehen, absehen, so bleibt uns noch eine Menge verschiedener Formen, deren Zusammenhang mit Körperleiden schon durch ihr fast constantes Zusammentreffen höchst wahrscheinlich wird. In der That bestehen auch selten Zweifel über die Ursachen; nur über die Art und Weise der Wirkungen gehen die Meinungen der Autoren noch auseinander. Wir wollen uns zunächst an das thatsächlich Beobachtete halten und schliesslich sehen, wie weit unsere Erkenntniss des causalen Zusammenhanges reicht.

Es gibt einen *Herpes corneae*, dessen Symptomencomplex wir vorzugsweise Horner verdanken. Er begleitet Katarrhe und Entzündungen der Respirationsschleimhaut (Nase, Bronchien, Lunge), scheint im mittleren Lebensalter am häufigsten, bei Frauen seltener als bei Männern vorzukommen und dauert 4 bis 6 Wochen. Gleichzeitig mit herpetischen Efflorescenzen an Nase und Lippe oder auch ohne diese schiesst auf einem Auge unter lebhaftem Schmerz, Lichtscheu, Thränenfluss und circumscripter Injection subconjunctivaler Gefässe, gewöhnlich an der Peripherie, seltener im Centrum, eine Gruppe oberflächlicher Bläschen auf, die so schnell platzen, dass man nur ausnahmsweise mehr als einen oberflächlichen, spiegelnden, von Gewebsfetzen bedeckten Substanzverlust zu sehen bekommt. Die Haut der Stirn und Augenlider bleibt unverändert, behält ihre Empfindung, der Geschwürsgrund kann anästhetisch, die Spannung des Auges vermindert sein, Beides ist nicht constant. Nachdem die Bläschen sich im Verlaufe von Wochen wiederholentlich gefüllt haben und wieder geplatzt sind, seltener nachdem die alten geheilt, neue entstanden sind, tritt Ruhe ein, die Kranken behalten bei zweckmässiger Behandlung keine Sehstörung zurück, im Ganzen auch keine Neigung zu Recidiven. Von diesem sogenannten catarrhalischen Herpes ist zu unterscheiden

der *Herpes zoster ophthalmicus*. Er pflegt sich durch Schmerzen im Verlaufe des ersten und zweiten Trigeminusastes, dem das plötzliche Auftreten anfangs wasserheller, dann gelber, schnell eintrocknender

Bläschen auf geröthetem Hautgrunde folgt, anzukündigen. Die Bläschen halten sich meist an den Verlauf des N. supraorbitalis und supratrochlearis. Bald darauf bildet sich unter neuen Supraorbitalneuralgien Lichtscheu, Thränenfluss und Injection eine meist periphere Gruppe von Cornealbläschen, nach deren Entleerung ein tieferer Substanzverlust, der unter ungünstigen Verhältnissen Sitz einer septischen Infection werden kann, zurückbleibt, er heilt im Verlaufe einiger Wochen unter langsamer Regeneration des Epithels mit geringen Trübungen oder ohne solche. Constant ist die kranke Stelle anästhetisch, die Resistenz des Bulbus vermindert, die locale Temperatur bis zu $2°$ gesteigert, die Pupille verengt, in sehr acuten Fällen besteht gleichzeitig Iritis mit oder ohne Trübung des Kammerwassers. Der Process befällt meist Leute in vorgerücktem Alter, ist einseitig, die kranke Stelle pflegt lange anästhetisch zu bleiben. In einem von Wyss secirten Falle fand sich Entzündung im Ganglion Gasseri und, so weit sich seine Verzweigungen gegen das Auge hin verfolgen liessen, im ersten Aste des Trigeminus (starke Hyperämie und zellige Infiltration des Bindegewebes). — An diese neuritische Cornealaffection anschliessend kommen wir zu der sogenannten

Keratitis neuroparalytica. Man hat sie bei Anästhesie im Bereiche des R. ophthalmicus n. trigemini bald zur Zerstörung des Auges durch Hornhautverschwärung führen, bald unter einem Druckverbande mit mehr weniger dichten Leucomen heilen gesehen, ausnahmsweise blieb die Cornea trotz lange bestehender Anästhesie normal. Entgegen der Ansicht Magendie's, der nach Durchschneidung des Ganglion Gasseri bei Hunden Zerstörung der Hornhaut beobachtete und aus diesem Grunde trophische Fasern für die Cornea im Trigeminus verlaufen liess, sahen Snellen und nach ihm verschiedene Experimentatoren in der Unempfindlichkeit der Cornea die nothwendige Ursache verminderten Lidschlages und eine leichte Veranlassung zu oberflächlichen Traumen, durch welche nach neueren Anschauungen eine Infection durch Bacterien begünstigt wird. Im Sinne dieser Anschauung führen Verletzungen der anästhetischen Cornea zu einer circumscripten Necrose, die als Entzündungsreiz eine von der Peripherie her fortschreitende Keratitis zur Folge hat, die Annahme trophischer Nervenfasern ist zur Erklärung der Erscheinungen überflüssig.

Die im Ganzen sehr seltene und in ihren Symptomen inconstante Keratitis pflegt als mattgraue, tiefe Infiltration, über der das Epithel sich allmählich abstösst, zu beginnen, später geht die graue Farbe in eine gelbe über, dann ist der eitrige Charakter der Infiltration ausgesprochen, es hat sich ein umfangreiches Geschwür gebildet, das in die Fläche und Tiefe bis zur Zerstörung der Cornea fortschreiten kann.

Durch manche günstige Ausgänge bei Anwendung des Druckverbandes ist die Frage, ob im Trigeminus trophische Fasern für die Cornea verlaufen, nicht entschieden. Eine Anzahl namhafter Autoren erklärt sich auch heute noch zu ihren Gunsten. v. Graefe wollte den aufgehobenen Lidschlag als Gelegenheitsursache der Keratitis gelten lassen, glaubte aber für die Deutung des ganzen Symptomencomplexes und seines Verlaufes auf die Annahme trophischer Nerven nicht verzichten zu dürfen, denen er auch bei der Basedow'schen Cornealverschwärung und bei
    der *Keratitis ex encephalitide infantili* einen wesentlichen Antheil vindicirte. Die seinen Angaben nach immer als Vorbote des Todes bei Kindern im ersten Lebensjahre nach erschöpfenden Krankheiten, besonders Diarrhöen, vorkommende Keratitis ist der neuroparalytischen in hohem Grade ähnlich: tiefes graues Infiltrat, Abstossung des Epithels, gelbe Verfärbung und Ausbreitung in Fläche und Tiefe bis zur Perforation. Abweichend ist die äusserst geringe Betheiligung der Conjunctiva und ihre trockene Oberfläche (Xerosis). Die Diagnose der Encephalitis stützte sich auf einen mikroskopischen Befund, der später von Jastrowitz als physiologisch für die ersten Lebensmomente erklärt wurde. Seitdem ist die Frage von mehreren Seiten, besonders gründlich von Leber studirt worden. Man hat v. Graefe's klinische Beobachtungen bestätigt, nach manchen Richtungen erweitert, die Ophthalmia brasiliana elender, erschöpfter Negerkinder, vereinzelte Fälle nach schwerem Typhus, Masern, Scharlach, Variola scheinen sich mit seinem Befunde zu decken, als dessen Ursache Foerster eine circumscripte Cornealnecrose in Folge von allgemeinem Marasmus, der sich mitunter durch verbesserte Ernährung beseitigen lasse, annahm. Eine wichtige Erweiterung haben unsere Kenntnisse durch das von Kuschbert, Neisser, Leber beobachtete regelmässige Vorkommen von Spaltpilzen in den xerotischen Stellen gefunden. Leber hat nämlich an einem während des Lebens genau beobachteten und später secirten Falle den Beweis geliefert, dass sich nicht nur in der Conjunctiva, sondern auch in den Nierenbecken, in der Schleimhaut der Därme und Luftwege die Spaltpilze finden, dass ferner nicht das Offenstehen der Lidspalte die Ursache des Hornhautleidens, dass die Anästhesie nicht die Ursache, sondern die Folge der Vertrocknung ist, diese aber, so wie die Necrose des Hornhautepithels Folge der Pilzinvasion sein kann. Mithin unterscheidet sich der Process sehr deutlich von dem sogenannten Exsiccationsgeschwür, ohne dass übrigens die Ursache der Pilzinvasion, die vielleicht in ganz anderen Organen, als im Auge zu suchen ist, gefunden wäre. Auf eine ferner liegende Ursache deutet auch die mit idiopathischer Hemeralopie verbundene Xerosis, die in allem Wesentlichen mit der

infantilen übereinstimmt. — Die Gegner der Graefe'schen Hypothese über das Wesen der neuroparalytischen Keratitis werden durch einige Krankheitsbilder, die allgemein dem aufgehobenen Lidschlage und der mangelhaften Bedeckung der Cornea zugeschrieben werden, wenig unterstützt. So kennen wir
eine *Hornhautnecrose im Stadium algidum der Cholera*, bei der wir das nicht bedeckte, etwa 1 Millimeter hohe Segment des unteren Randes erst trocken und braun werden, dann nach Abstossung des Schorfes sich in ein graues, langsam fortschreitendes Geschwür verwandeln sehen. Der Sitz der Necrose ist constant, deshalb die locale Ursache kaum zu verkennen, aber für den Verlauf glaubte v. Graefe ebenfalls eine Neuroparalyse annehmen zu müssen. In dieselbe Kategorie gehören schwere Fälle von *Meningitis cerebrospinalis* und *Typhus*. Zur Vertrocknung der oberflächlichen Schichten kommt es aber nicht, sondern zur Bildung eines Randinfiltrates, das sich nach Abstossung des Epithels in ein Ulcus verwandelt. Immer lassen sich in dem klinischen Bilde die beiden möglicher Weise zusammenwirkenden Factoren, das Daniederliegen der allgemeinen Ernährung und die mangelhafte Bedeckung der Cornea nicht isoliren. Findet sich aber bei erhaltener Empfindlichkeit des Auges und *Lähmung des Facialis* (etwa durch Caries des Felsenbeins) vollständiger Lagophthalmos, so pflegt zwar die Hornhaut durch Geschwürsbildung zerstört zu werden, aber unter Erscheinungen, die von dem Bilde der Keratitis neuroparalytica erheblich abweichen. In den wenigen von mir beobachteten Fällen bildeten sich flache Substanzverluste, deren Grund bald (durch Infection) eitrig wurde, dann kam es unter Vordringen in die Fläche und Tiefe zur Bildung eines Hypopion, später zu Perforation und Leucoma adhaerens, aber die fettigen, abschuppenden, xerotischen Conjunctivalpartien fehlten. Der ganze Verlauf erinnerte, wenn auch die Entstehung abwich, an das Ulcus serpens.

Von den der neuroparalytischen Keratitis nahe verwandten Ulcerationen, die wir eben als Theilerscheinungen acuter Exantheme und schwerer Infectionskrankheiten kennen gelernt haben, sind streng zu scheiden *die oberflächlichen Geschwüre*, die häufig bei Masern und Pocken, sehr viel seltener bei Scharlach als Ausdruck einer phlyctänulären Conjunctivitis auftreten und auch in Folge der Vaccination vorkommen sollen. Sie stehen am nächsten den Cornealphlyctänen, die häufig Gesichts-Eczeme begleiten, und theilen mit ihnen den günstigen Verlauf. Dagegen sind eitrige Infiltrationen, die bei gut erhaltenem Epithel während der *Meningitis cerebrospinalis* auftreten und spontan heilen können, ferner tiefe Ulcerationen und Abscesse in der zweiten Woche der *Variola* oder diffuse eitrige Infiltrate, die sogar pro vita eine schlechte Prognose geben sollen, nicht gut anders, als durch Einwanderung des Eiters (Bacterien?) aus der Nachbarschaft, zu erklären. — So weit haben wir uns noch auf Gebieten bewegt, in denen vorzugsweise local bestimmbare Krankheiten einen Einfluss auf die Ernährung der Cornea ausübten. Im Folgenden wird sich zeigen, dass dasselbe auch für allgemeine Constitutionsanomalien, für die Scrophulose und für die Syphilis gilt.

Eine *Keratitis syphilitica* und zwar eine hereditaria kennen wir erst durch Hutchinson, der durchschnittlich oder, wie ich glaube, ausnahmslos die Keratitis parenchymatosa vasculosa (synon. Keratitis scrophulosa, interstitialis diffusa, vascularis profunda) auf ererbte Lues zurückführen will. Er stützt sich dabei auf die regelmässige Combination mit einer bestimmten abnormen Beschaffenheit der oberen Schneidezähne, die für eine gleiche Abkunft charakteristisch sein soll: die Zähne sind zu klein, convergiren oder divergiren mit den Spitzen und sind an der Kaufläche abgebröckelt, sie sind gelblich, schmelzlos.

Zu dieser Combination fügt Foerster, der H.'s Hypothese in ihrer exclusiven Allgemeinheit nicht acceptirt, Entzündungen der Gelenke (besonders der Kniegelenke), Periostitis, Hautnarben um den Mund, von den bekannten leichtblutenden Ragaden im kindlichen Alter herrührend, eingesunkenen Nasenrücken, Schwerhörigkeit, phagedänische Geschwüre auf dem Velum palatinum, Symptome florider oder überstandener (?) Syphilis bei den Eltern.

Es wird nach dieser Zusammenstellung unter Berücksichtigung der absoluten Zuverlässigkeit der Beobachter die Keratitis syphilitica nicht mehr beanstandet werden können. Ihr hereditärer Charakter folgt daraus, dass bei den Kranken selbst Anamnese und Status praesens keine Zeichen einer stattgehabten Infection ergeben, desto mehr und deutlichere bei den Eltern, und ferner daraus, dass die Meisten sich in einem Alter befinden, in welchem von Uebertragung der Syphilis auf dem gewöhnlichen Wege nicht gut die Rede sein kann. Zu entscheiden bleibt nur die Frage, ob eine bestimmte Keratitis ausschliesslich syphilitischen Ursprunges ist, und ob ausser ihr keine andere. Eine positive Beantwortung aus der Erfahrung eines Einzelnen würde aus nahe liegendem Grunde keinen grossen Werth haben können, von negativen Erfahrungen genügen wenige, um die Allgemeingültigkeit der Hypothese umzustossen. So viel ich weiss, hat es an letzteren bei den deutschen Ophthalmologen, die sich öffentlich ausgesprochen haben, nicht gefehlt.

Was mich anbetrifft, so kann ich zunächst den von der Beschaffenheit der Zähne entlehnten Beweis nicht anerkennen; ich habe genau dieselbe Missbildung bei rhachitischen Kindern, deren Eltern sicher nie inficirt waren, vorgefunden, in einem vielleicht vereinzelt dastehenden Falle nach einer schweren Hautverbrennung, der eine über beide Alveolarfortsätze verbreitete Stomatitis folgte, entstehen gesehen. Ferner ist das Zusammentreffen von Augen- und Zahnleiden keineswegs constant; seit einer Reihe von Jahren, während deren ich auf diesen Zusammenhang achte, wiederholt sich die Erfahrung, dass schwere, beiderseitige, interstitielle Keratitis (allerdings häufiger die gefässlose Form) bei Individuen mit tadellosen Zähnen vorkommt, regelmässig. Dann finde ich das Augenleiden bei jungen anämischen und scrophulösen Mädchen in den Entwicklungsjahren und etwas später relativ so häufig, den günstigen Einfluss einer roborirenden Therapie so dauernd, dass ich mich zur Annahme latenter Syphilis kaum entschliessen kann. Ueber den Gesundheitszustand der Eltern habe ich leider genügenden Aufschluss nicht immer erhalten können.

Mit diesen Fällen streifen wir die Frage, die für die ganze Auffassung entscheidend sein dürfte, wo die Grenze liegt, an der man Scrophulose von Syphilis hereditaria sicher unterscheiden kann. Das von Foerster betonte Zusammentreffen mit phagedänischen Geschwüren des Gaumensegels dürfte unbedingt für Lues sprechen, auch die Rhagadennarben an den Mundwinkeln und die Deformität des Nasenrückens halte ich für höchst verdächtig; die Polyarthritis und Periostitis aber gehört gewiss nicht selten zu den rein scrophulösen Symptomen. Ich würde deshalb die Combination der Keratitis mit Rachengeschwüren oder mit Rhagadennarben oder mit Nasendefecten für syphilitisch, die Combination mit Gelenkleiden für ätiologisch unbestimmt halten und auch, wie sich bald zeigen wird, ex juvantibus nicht zu viel schliessen. *Die Keratitis für sich allein halte ich nur für unbedingt syphilitisch, wenn sie in den beiden ersten Lebensjahren auftritt*, ohne dafür einen anderen Grund als die eigene Erfahrung angeben zu können.

Damit wäre die Frage, ob die beiderseitige parenchymatöse Keratitis vasculosa unter allen Umständen auf Lues beruhe, verneinend beantwortet. Dass andere Formen syphilitischen Ursprunges sein können, ist eben so sicher zu bejahen. Mauthner nennt eine Keratitis punctata, über die es mir an eigenen Erfahrungen fehlt, während ich beiderseitige grauweisse, runde, stecknadelkopfgrosse Infiltrate, sehr viel seltener gleichzeitig diffuse, unregelmässig geformte in mehreren Fällen bei Kindern von 6 bis 10 Jahren beobachtet habe. Sich selbst überlassen ulcerirten dieselben nicht, unterhielten aber einen zunehmenden Reizzustand, der zu

Iritis mit hinteren Synechien und Trübung des Kammerwassers führte. Sehr auffallend war mir, wie schnell sich circumscripte Ectasien an Stellen mit herabgesetzter Sensibilität und Resistenz ausbildeten. Der Einfluss mässiger Inunctionskuren auf die Entzündung und allgemeine Ernährung war immer in hohem Grade überraschend. Mit Jodkalium habe ich bei dieser und bei anderen Formen nicht so glänzende Resultate, wie Foerster, erzielt, kann mich aber über die von Abadie neuerdings empfohlenen subcutanen Injectionen von Sublimat nur günstig aussprechen und namentlich bestätigen, dass der sonst schleppend durch Monate verlaufende Process mitunter durch wenige Injectionen (höchstens zehn einen Tag um den andern) anscheinend coupirt wird, ohne seine Acme erreicht zu haben. Auch diese Beobachtung betrifft allerdings öfter die gefässlose Form, als die vasculäre. Soll ich ein Urtheil darüber auszusprechen wagen, welche von beiden ich für die syphilitische halte, so kann ich nur als unbedingt sicher so viel behaupten, dass die nicht vasculäre Form — sowohl die ganz gleichmässige, die der Cornea das Aussehen eines matt geschliffenen Glases gibt, als auch die aus disseminirten, in verschiedenen Ebenen liegenden Wölkchen bestehende, — mitunter bei älteren Kindern (etwa 6 bis 12 Jahren) luetischer Eltern und in den Entwicklungsjahren vorkommt, dass die vasculäre Form in denselben Jahren sehr viel häufiger, in den beiden ersten Lebensjahren regelmässig syphilitisch ist. Für anämische Mädchen, die sich dem Ende des zweiten Decenniums nähern, und ausser der Keratitis keine verdächtigen Symptome zeigen (indolente kleine Halsdrüsenanschwellungen rechne ich nicht dazu), fehlt es mir an sicheren therapeutischen Indicationen: bisweilen wirkten Sublimatinjectionen vortrefflich, nachdem Ferrum, Ol. jecoris etc. mich im Stiche gelassen hatten, bisweilen musste ich Mercurialien oder Jodkalium aufgeben und erreichte eine langsame Besserung während des Gebrauches von Roborantien.

Nach all dem soll es übrigens nicht den Anschein haben, als wäre Hutchinson's Entdeckung von geringem Werthe. Nur gegen ihre Allgemeingültigkeit muss protestirt werden: die vasculäre parenchymatöse Keratitis ist nicht die einzige Manifestation der Syphilis in der Cornea, aber die bei weitem häufigste, sie ist in der überwiegenden Mehrzahl der Fälle, in den beiden ersten Lebensjahren vielleicht ausnahmslos syphilitisch, aber auch die nicht vasculären parenchymatösen Formen können auf hereditär luetischer Basis beruhen und neben ihnen gewisse circumscripte nicht ulcerirende Infiltrate. Die beiden letzteren lassen sich nur durch ein allgemeines Examen, das mit Untersuchung der Eltern verbunden sein muss, ihrem Wesen nach bestimmen. —

Noch bleibt, von gewissen durch unmittelbare Fortsetzung von der Conjunctiva und dem Corpus ciliare oder durch Infection bewirkten Keratitiden abgesehen (Pannus granulosus, blennorrhoische und diphtheritische Ulceration, sclerosirende Keratitis, Ulcus serpens), ein grosses Gebiet, auf welchem wir die Scrophulose als unmittelbare Ursache der entzündlichen Veränderungen anzuerkennen durch tägliche Erfahrung genöthigt werden. Die phlyctänulären elliptischen Randinfiltrate, die sich so leicht in torpide, spät perforirende Geschwüre verwandeln, — die sogenannte multiple phlyctänuläre Infiltration des Limbus, — das circumscripte, oberflächliche, runde Infiltrat an der Spitze eines vom Limbus aus vordringenden Gefässchens, — der Pannus scrophulosus, — die büschelförmige Keratitis, — das gefässlose, centrale, circumscripte Infiltrat und das Ulcus centrale perforans der Kinder, — die nicht vasculären, diffusen, parenchymatösen Formen der späteren Kinder- und Jünglingsjahre, — kurz die grosse Mehrzahl der Keratitiden des jugendlichen Alters gehört hierher. Es ist mir unbegreiflich, wie manche Autoren ihren kritischen Scharfsinn dazu missbrauchen können, aus dem Vorkommen vereinzelter Fälle, in denen mit einem einfachen Catarrh oder auch ohne nachweisbare Ursache diese oder jene oberflächliche Keratitis entsteht, Schlüsse gegen den dominirenden Einfluss der Scrophulose zu ziehen. während die torpiden Ulcerationen am Lidrande, die geschwollenen Nasenflügel, die dicke Oberlippe, die chronische Entzündung des äusseren Gehörganges, das Eczem der Gesichts- und Kopfhaut, die Anschwellung der Hals- und Nackendrüsen, die hypertrophischen Tonsillen, die Ulcerationen der Nasenschleimhaut jedem Laien das Grundleiden kenntlich machen, während wir bei tief scrophulösen Kindern, die mit krampfhaft geschlossenen Augenlidern uns zugeführt werden, unsere Diagnose auf eine oder die andere Form der Keratitis mit grosser Wahrscheinlichkeit stellen können, ehe wir noch die Lider geöffnet haben. Gewiss kommen einzelne runde Randinfiltrate auch bei Catarrhus conjunctivae, ein centrales, rundes Infiltrat oder Ulcus auch einmal ohne nachweisbare Ursache vor, aber Ausnahmen stossen die Regel nicht um, und für manche Formen (büschelförmige Keratitis, torpides Randinfiltrat, Pannus scrophulosus) dürfte das Suchen auch nur nach sehr wenigen Ausnahmen eine wenig lohnende Bemühung sein. Dass die genannten Keratitiden relativ oft nach acuten Exanthemen zum Vorschein kommen, spricht viel mehr für, als gegen unsere Annahme: denn über die Häufigkeit scrophulöser Eruptionen gerade nach diesen Allgemeinkrankheiten dürften die Meinungen kaum aus einander gehen. Ich verstehe sehr wohl das Bedürfniss, sich des klinischen, schwer scharf begrenzbaren Begriffes der Scrophulose zu entledigen, aber so lange wir denselben für gewisse Symptomencomplexe nicht entbehren können, begreife ich nicht, warum man ihn grade für seine Manifestationen am Auge, die der Form nach so charakteristisch sind, wie die irgend eines anderen Körpertheiles, aufgeben soll. Ueber die scrophulöse Natur eines einzelnen Symptomes entscheiden wir daraus wie oft dasselbe im gesammten Krankheitsbilde vorkommt, und wie oft es aus anderen Ursachen oder selbständig auftritt. Die Häufigkeit der Augenkrankheiten und speciell der Hornhautentzündungen bei scrophulösen Kindern wird allseitig bestätigt, die Entstehung aus anderen Ursachen kann für einige Formen geradezu geleugnet werden, während sie für andere in beschränktem Maasse zugegeben werden muss. Damit aber ist die Berechtigung der Annahme einer Keratitis scrophulosa entschieden, und nur über das Mehr und Weniger dürfen bei gewissen Formen weitere Differenzen der Meinungen noch aufrecht gehalten werden. —

Dass eine Keratitis als Symptom im Krankheitsbilde des Rheumatismus acutus aufgetreten sei, ist mir nicht bekannt, dass plötzliche Abkühlungen, ebenso wie excessive Wärmegrade eine Entzündung erzeugen können, steht fest, und Fälle von einseitiger parenchymatöser Keratitis nach plötzlicher Einwirkung kalter Luft, wie sie Arlt als *Keratitis rheumatica* beschreibt, sind mir aus eigener Erfahrung bekannt. Wie oft aus demselben Grunde auch die Oberfläche der Cornea erkranken mag, ob nicht manche Epithelabstossungen oder oberflächliche Infiltrate auf gleiche Weise zu Stande kommen, ist schwer zu entscheiden, da sich nur in den seltensten Fällen die rein physikalische Temperaturwirkung von möglichen, minimalen Traumen isoliren lassen wird. Vielleicht ist die schädliche Wirkung der Hitze (Feuerarbeiter, Köchinnen) häufiger, als die der Kälte. —

Ueber diffuse eitrige Infiltrationen auf metastatischem Wege (pyämische, puerperale Processe etc.) ist wenig ermittelt, da sie als Theilerscheinung der Panophthalmitis von practisch klinischer Seite kein Interesse haben und in ihrem weiteren Verlaufe als gelbweisse Infiltrationen auf dem vollkommen gleichfarbigen Hintergrunde des Hypopion nicht genau zu verfolgen sind. Sie können ausnahmsweise fehlen, so dass der ganze Krankheitsprocess hinter der durchsichtigen oder wenig getrübten Cornea bis zur Phthisis bulbi verläuft, in der Regel bleiben sie interstitiell und enden mit mehr weniger durchscheinenden totalen Leucomen, sehr selten kommt es zur Geschwürsbildung mit Perforation und eben so selten zur Perforation von innen her, weil die weniger resistente Sclerotica lange, ehe es zur Hervortreibung der Cornea kommen kann, ectatisch wird, aufbricht und damit einer Verdünnung der Cornea durch Druck vorbeugt.

8. Cornea.

Unter den allgemeinen Constitutions-Anomalien, welche auf die Ernährungsverhältnisse des Auges einen merklichen Einfluss ausüben, sehen wir bei den Cornealkrankheiten zum ersten Male die Scrophulose einen hervorragenden Rang einnehmen. Es fallen unter die

1. *Keratitis scrophulosa* die torpiden Rand-Infiltrate, die multiplen Phlyctänen des Limbus, das circumscripte oberflächliche Infiltrat, der scrophulöse Pannus, die büschelförmige Keratitis und die Keratitis parenchymatosa (gewöhnlich ohne Vascularisation). Alle diese Formen gehören dem späteren Kindes- und dem Jünglingsalter an, sie entstehen und entwickeln sich im Ernährungsgebiete derjenigen Lymphgefässe, deren zugehörige Drüsen am Halse unter dem Kieferrande liegen. Als

2. *Keratitis syphilitica* kennen wir die von Hutchinson zuerst gut beschriebene, doppelseitige Keratitis parenchymatosa hereditaria (gewöhnlich mit Vascularisation), seltner eine gefässlose parenchymatöse hereditäre K. und eine acquirirte K. punctata. In wie weit letztere dem Corpus ciliare angehört, dürfte noch zu entscheiden sein.

Neben diesen beiden Gruppen von Entzündungen, deren Form unzweifelhaft von der Eigenthümlichkeit der zu Grunde liegenden, constitutionellen Krankheiten mit bedingt ist, scheiden aus der grossen Menge neue Symptomencomplexe aus, an deren Wesensverwandtschaft zu zweifeln schon die oberflächliche Beobachtung verbietet. Ich meine

3. die *Cornealveränderungen in Folge von mangelhaftem Lidschlage* und trenne die vollkommenen Entblössungen der Cornea, wie sie sich bei totalem Narben-Ectropion finden, von den unvollkommenen aus rein mechanischen Gründen (Exopthalmos durch retrobulbäre Tumoren), von anderen, bei denen die normale Reflex-Contraction des Orbicularis auf sensible Reize gestört (M. Basedowii mit Anaesthesia corneae), und endlich von solchen, bei denen wegen totaler Anaesthesia n. trigemini vom Gehirn, vom Ganglion Gasseri, vom G. ciliare oder den peripheren Endästen her der Lidschlag aufgehoben und damit dem Auge der Schutz gegen eindringende Fremdkörper, die für Erhaltung seiner Transparenz nothwendige Bespülung mit Thränenflüssigkeit genommen ist. Von ihnen ist der Uebergang zu

4. den *Trophoneurosen* ein so allmählicher, dass untrügliche, differentiell-diagnostische Merkmale noch immer nicht haben aufgestellt werden können. Schon bei der einfachen Anaesthesia n. trigemini hat man auf den Einfluss der sympathischen Fasern

nicht Verzicht geleistet, bei dem M. Basedowii und der infantilen Keratomalacie mit Xerosis habe ich daran erinnert, dass v. Graefe aus der mangelhaften Bedeckung allein den Verlauf des Cornealleidens nicht hat erklären mögen, und dass Leber in der allgemein darniederliegenden Ernährung den wesentlichsten Factor für die Entwicklung der Bacillen mit all ihren Consequenzen gefunden hat. Eben so wenig reichen wir mit der mangelhaften Bedeckung des Auges allein für die Erklärung der Hornhaut-Ulcerationen in schweren comatösen Zuständen aus, in denen nicht nur die locale Sensibilität abgestumpft ist, sondern die allgemeine Depression des Sensorium keine periphere Erregung (weder im Centrum, noch in der von ihm zum Facialis führenden Reflexbahn) zur Wirkung kommen lässt. Die Unterscheidung der Krankheitsbilder wird noch schwieriger, wenn nach Abstossung des Epithels

5. *der Infection des Geschwürsgrundes* durch Mikroorganismen das Thor geöffnet ist, und die weitere Zerstörung nach den für locale Infection und nicht für eine progressive Necrose geltenden Gesetzen vor sich geht.

Es ist also nicht, wie bei der Scrophulose und Syphilis, das Wesen des Grundleidens, sondern die Perniciosität einer mechanischen Consequenz (der Cornealentblössung) oder eines für die Circulation der Ernährungsflüssigkeit wichtigen Factors (der vasomotorischen Sympathicus-Paralyse) oder der allgemeinen Prostration (Typhus, Cholera etc.), die sich in dem Bilde des Cornealleidens abspiegelt. Nur verhältnissmässig selten wird

6. *die Cornea der Sitz eines specifischen Leidens,* dessen eigenthümliches Product sich auf dem neuen Mutterboden in eigener Art fort entwickelt (der Herpes catarrhalis und Herpes zoster, die lepröse Keratitis, die septischen und metastatischen Entzündungen etc.). —

Ein Rückblick auf die grosse Mannigfaltigkeit der Ursachen, unter deren Einflusse die Hornhaut erkrankt, dürfte für sich allein schon genügen, die Häufigkeit ihrer Entzündungen mit allen Consequenzen (Krümmungsanomalien, Trübungen, vollständigen Verdunklungen, Vereiterungen etc.) zu erklären und unsere Aufmerksamkeit auf die Aetiologie eines Leidens zu concentriren, das vor allen anderen zu der hohen Zahl von Sehschwächen und Erblindungen, über die wir uns immer noch zu beklagen haben, beiträgt. Es kommt dazu, dass die Oberfläche des Auges vorzugsweise schweren Traumen ausgesetzt ist, und dass der grosse Rest von Hornhautentzündungen, die wir nicht besprochen haben, aus Entzündungen der Conjunctiva, die, wie wir sofort sehen werden, sich ebenfalls auf Krankheiten der Nachbarschaft oder auf constitutionelle Leiden zurückführen lassen, hervorgeht, um unsere therapeutische Aufgabe den Cornealentzündungen gegenüber mit allgemeinen therapeutischen Aufgaben fast zu identificiren. Ehe wir den Einfluss der Conjunctiva nach dieser Richtung hin kennen lernen, soll noch mit kurzen Worten der

9. Krankheiten der Sclera

gedacht werden, die, wenngleich in unserer Pathologie vorläufig zu einer sehr subalternen Stellung verurtheilt, dennoch gewisse Beziehungen zu allgemeinen Leiden unzweideutig erkennen lassen.

Wir berücksichtigen nur klinische Krankheitsbilder, nicht pathologisch-anatomische Befunde, deren Symptome während des Lebens verborgen bleiben, und unterscheiden zwei Formen, die diffuse und circumscripte. Das am meisten charakteristische Symptom beider ist eine mehr weniger acut entstehende Hervorbucklung der Sclerotica von blassrother, ins Violett übergehender Farbe. Von episcleralen Entzündungen unterscheidet sich die Scleritis durch die Art der Injection, durch den Mangel circumscripter Exsudatheerde (Phlyctänen, Pusteln), durch das mehr steile Ansteigen des Buckels, durch seine grössere Härte und den Mangel an Verschieblichkeit. In zweifelhaften Fällen können tief gehende Incisionen den Beweis liefern, dass nicht die lockeren Hüllen des Bulbus der Sitz der Anschwellung sind.

Die Differentialdiagnose gegen Scleroticochorioiditis halte ich für unmöglich. Immer nur mit mehr oder weniger Wahrscheinlichkeit wird im Anfang der Entzündung und aus ihren Narben eine Theilnahme der Chorioidea angenommen oder bestritten werden können, auf der Höhe der Krankheit lassen uns in dieser Beziehung alle Symptome im Stich.

Scleritische Heerde habe ich im vorderen Augapfelabschnitte zwischen Cornealrand und Insertion der graden Augenmuskeln beobachtet, ferner in der äquatorialen Zone, wo sie am meisten den bekannten glaucomatösen Ectasien ähneln, endlich in einiger Entfernung von der Papilla optica, eine diffuse Scleritis kenne ich nur in der unmittelbarsten Nähe des Cornealrandes (Scleroticochorioiditis anterior).

Die circumscripten Entzündungen im vorderen Abschnitte erzeugten Lichtscheu und Thränenfluss, der nie fehlende Schmerz schwankte zwischen einem mässigen, localen Druckgefühle und heftigen, atypischen oder typischen Neuralgien, die durch Chinin und Morphium in grossen Dosen nicht immer beseitigt werden konnten. Die Patienten befanden sich sämmtlich im Alter von etwa 40 Jahren und darüber, litten an rheumatischen Muskel- oder Gelenk-Affectionen, gewöhnlich daneben an Abdominal-Plethora, einige Frauen hatten mit den Beschwerden des klimacterischen Alters zu kämpfen. Vielleicht als ein zufälliges Zusammentreffen mag erwähnt sein, dass sich bei zwei männlichen Kranken eine ausgesprochene Psychose mit Hang zur Melancholie entwickelte.

Die äquatorialen Entzündungsheerde habe ich zu keinerlei anderen Krankheiten in Beziehung zu bringen vermocht, die dem hinteren Pole benachbarten dagegen nur im Verlaufe von Morbillen und Variolois beobachtet, immer bei Kindern und vorzugsweise bei scrophulösen. Meine Aufmerksamkeit wurde auf solche Fälle zuerst dadurch gelenkt, dass die emmetropischen Augen einiger mir vorher bekannten Kinder nach Masern und Varioloiden kurzsichtig geworden waren; ich fand mit dem Augenspiegel neben circumscripten, weissen Plaques entfärbte blassrothe Stellen und diffuse Pigmentveränderungen in der Gegend des hinteren Poles. Aus einer entzündlichen Infiltration mit Resistenzverminderung der Sclera konnte die erworbene Myopie wohl abgeleitet werden. — Später hatte ich den Eindruck, als fänden sich die Veränderungen des Hintergrundes vorzugsweise bei Kindern, die als Nachkrankheiten der Exantheme Hautausschläge (besonders Gesichts-Eczem) und Drüsenanschwellungen davon getragen und an starker Photophobie gelitten hatten. Der Zusammenhang liess sich so denken: bei scrophulösen Kindern im Verlaufe des fieberhaften Stadiums circumscripte Entzündungen des hinteren Scleralabschnittes, Photophobie, durch den anhaltenden Druck des krampfhaft contrahirten Orbicularis diffuse Hyperämie im Inneren des Auges, Erweichung und Ausdehnung der Sclera. — Die Zahl der Fälle, die ich zu beobachten Gelegenheit gehabt habe, ist zu klein, als dass ich wagen dürfte, für meine Hypothese eine allgemeinere Geltung zu beanspruchen, aber immerhin gross genug, um zu weiteren Beobachtungen, die nur in Epidemien gemacht werden können, anzuregen. Es wird nothwendig sein, die Refraction schon in den ersten Tagen der Krankheit objectiv zu bestimmen, zugleich die Gegend des Opticuseintrittes und der Macula zu untersuchen, was bei einiger Uebung ohne grosse Belästigung für den Patienten mit lichtschwachem Spiegel im aufrechten Bilde ausgeführt werden kann, und die Untersuchung nach einigen Wochen zu wiederholen. — Die diffuse vordere Scleroticochorioiditis verschont das Kindes- und Jünglingsalter, entwickelt sich unter mässigen Ciliarschmerzen, an denen die Iris ihren Antheil hat, gleichzeitig in verschiedenen Segmenten der Cornealgrenze, von der aus sie sich kaum weiter, als etwa 8—10 mm gegen den Aequator erstreckt, und setzt, auf ihrer Höhe angelangt, einen fast dunkelvioletten, geschlossenen Ring, in dem einzelne Buckel nicht hervortreten, um die Cornea herum. Wenn überhaupt Störungen des Allgemeinbefindens vorhanden waren, so bestanden sie in venöser Hyperämie der Unterleibsorgane. — Nach eignen und fremden Erfahrungen muss ich annehmen, dass die circumscripte Scleritis auch als Symptom constitutioneller Syphilis auftreten kann, Gummata der Sclera sind von Hippel in dem vielfach anderweitig citirten Falle von allgemeiner Syphilis des Auges, den er in Graefe's Archiv veröffentlicht hat, gefunden und durch mikroskopische Untersuchung bestätigt worden.

Es scheint demnach, dass wir auch jetzt schon trotz der geringen Berücksichtigung, deren sich die Scleralkrankheiten bisher zu erfreuen gehabt haben, einen Zusammenhang mit *constitutioneller Syphilis*, mit *Muskel- und Gelenk-Rheumatismen*, mit *Masern und Variolois*, mit *Abdominal-Plethora* und wahrscheinlich auch mit *Scrophulose* anerkennen müssen. — Die schwärzlichen oder schwarzblauen Flecken, die wir in einer dem Cornealrande parallelen $2\frac{1}{2}-3$ Zoll breiten Zone in schweren Fällen von *Cholera* finden, sind Zeichen hochgradiger Vertrocknung und als solche bisher immer Vorboten nahen Todes gewesen.

10. Der Thränenapparat und die Conjunctiva.

Die Secretion der *Thränenorgane* sinkt unter die Norm, wenn in schweren Krankheiten der Lidschlag vermindert ist, die Augen auch während des Schlafes nicht ganz geschlossen werden, wenn von den anästhetischen Endästen des Trigeminus keine Erregung zu reflectorischen Contractionen des M. orbicularis ausgeht, oder das tief darniederliegende Sensorium eine Empfindung peripherer Reize nicht zu Stande kommen lässt. Dass nicht nur die bewegende Muskelcontraction, sondern auch die secernirende Thätigkeit versagt, zeigt die Trockenheit der Conjunctiva, die Ansammlung zähen Schleimes zwischen Auge und Augenlid, die Verklebung der Wimpern durch trockene Borken. Handelte es sich nur um gehemmte Fortleitung, dann müsste das Auge constant von einer Flüssigkeitsschicht, die allmählich ihren Weg über die Lidspalte nach dem Gesichte finden würde, bedeckt sein. Was für Veränderungen in den weniger secernirenden Organen vor sich gehen, ist bisher nicht untersucht worden.

Die Entzündungen der Thränen ableitenden Organe, in specie des Thränensackes und Thränennasenkanals, fallen ätiologisch mit den Entzündungen der Nasenschleimhaut, des Periosts, des Thränenbeins, Siebbeins und der knöchernen Nase zusammen. Scrophulose, Syphilis hereditaria kommen als Ursachen für das Kindesalter, erworbene Syphilis für das spätere Alter in Betracht. Auf eine vielleicht weniger seltene, als bisher unbekannte Art der Uebertragung hat neuerdings E. Burow aufmerksam gemacht, der in mehreren Fällen schwere Infection (Iritis, Ptosis, Muskellähmungen) durch unsaubere, in den Ambulatorien der Specialisten für Nasen- und Ohrenkrankheiten gebrauchte Instrumente nachweisen konnte.

Die Schleimhauthülle des Auges und der Lider, *die Conjunctiva*, erkrankt in ihren schwersten, das Auge zerstörenden Formen durch Uebertragung infectiöser Entzündungsproducte. Die Identität des Micrococcus *der Blennorrhoea conjunctivae* mit dem Micrococcus der Uretral-Blennorrhoe ist erwiesen, über *die Diphtheritis* sind die Untersuchungen noch nicht abgeschlossen. Klinisch aber steht Folgendes fest: Diphtheritis oculi entsteht im Verlaufe diphtheritischen Allgemeinleidens, ohne dass man eine Uebertragung des Secretes nachweisen kann (Diphtheritis faucium, Masern, Scharlach), ferner durch Infection mit diphtheritischem Exsudate von anderen Körpertheilen, endlich am häufigsten durch Uebertragung von einem Auge auf das andere. Allgemeine Selbstinfection vom Auge aus ist, so viel ich weiss, nicht beobachtet worden. In der überwiegenden Mehrzahl aller Fälle ist auf ein zu Grunde liegendes Allgemeinleiden nicht zu schliessen.

An fieberhaften acuten Schleimhautentzündungen nimmt die Conjunctiva bulbi in der Form *acuter Hyperämie*, die sich zum *Catarrh* steigern kann, Theil, wenn der Sitz der Entzündung die Respirationsschleimhaut ist (Nase, Rachen, Bronchi, Lunge), oder wenn auf der Höhe des Fiebers eine lebhafte Congestion nach dem Kopfe und Gesichte stattfindet. Unabhängig von der Höhe des Fiebers ist die meist mit starker Photophobie verbundene Conjunctivitis im Verlaufe der acuten Exantheme, sie begleitet die Entstehung, kann aber auch als Nachkrankheit auftreten. Während des *Masern-Exanthems* pflegt schon vom zweiten Tage an die Conjunctiva der Lider und des Augapfels stark geröthet zu sein, das Auge thränt leicht, secernirt etwas Schleim, die Cornea bleibt frei. Als Nachkrankheit finden sich namentlich bei scrophulösen Kindern phlyctänuläre Eruptionen auf der Conjunctiva sclerae und oberflächliche Keratitiden, begleitet von sehr hartnäckiger Photophobie. Im *Scharlach* ist die Bindehaut weniger constant afficirt. Die gewöhnlichsten Formen sind der leichte Conjunctivalcroup, die leichte Diphtheritis und bei Weitem am häufigsten die von v. Graefe unter dem Namen „Schwellungscatarrh" beschriebene Injection und Schwellung der oberen Uebergangsfalte mit mässigem schleimeitrigen Secrete. — Zur *Variola* gehört als constantes, von der Intensität der Krankheit unabhängiges Symptom eine starke Hyperämie der C. tarsi mit oder ohne Catarrh. Ausserdem aber können sich im intermarginalen Theile wirkliche Pocken ausbilden, die wegen der mit ihrem Ausbruche verbundenen Eitersecretion eine Blennorrhoe vortäuschen; auch auf der C. bulbi kommt es zur Eruption von Pocken, kleinen, stecknadelkopfgrossen, lebhaft injicirten Erhebungen der Schleimhaut, die nach Abstossung des Epithels runde, gelblichweisse, den geplatzten Phlyctänen ähnliche Geschwüre hinterlassen. Auf der C. tarsi sind sie noch nicht beobachtet, auch nur selten im Uebergangstheile. Entstehen sie im Limbus conjunctivae corneae, so können sie weiter auf die Cornea übergehen, sich in Geschwüre verwandeln und zu diffuser, eitriger Corneal-Infiltration den Anstoss geben. Endlich kommen bei den verschiedensten Verläufen kleine Blutaustretungen in der Conjunctiva bulbi vor, bei der Variola haemorrhagica ausgedehnte blutige Abhebungen, die einen grossen Theil der Cornea verdecken. — Unter den acuten Infectionskrankheiten ist es noch die *Meningitis cerebrospinalis,* die sich in der Conjunctiva bald unter der Form einer mässigen Blennorrhoe, bald unter der einer blassen, lockeren Chemose bemerklich macht. Die chemotische Abhebung wird sich, wie es Leyden auch für die einfache eitrige Meningitis annimmt, möglicher Weise von einer directen Fortpflanzung des Eiters ins Fettzellgewebe der Orbita durch die Fissura orbitalis superior oder durch Schwalbe's Supravaginalraum herleiten lassen (cfr. Sinus-Thrombose bei den Krankheiten der Orbita). Eine ähnliche Chemose zusammen mit Oedem der Augenlider und der Gesichtshaut findet sich aus selbstverständlich sehr abweichenden Gründen bei der *Trichinose.* — Die Conjunctivalveränderungen der *Cholera* sind nach v. Graefe's vortrefflicher Beschreibung andere im Typhoid, andere im Stadium algidum. Im Typhoid kann die Bindehaut catarrhalisch secerniren, vom Tarsus bis zur Cornealgrenze lebhaft injicirt sein und unter Umständen local die während der Regeneration von Cornealgeschwüren eigenthümlichen Gefässwucherungen zeigen. Im Stadium algidum ist sie trocken, das Auge thränt nicht, verbirgt sich hinter dem herabhängenden oberen Lide so, dass der untere Cornealrand, der dann auch lebhaft injicirt zu sein pflegt und allmählich eintrocknet oder ulcerirt, unbedeckt bleibt. Die auf der Conjunctiva bulbi sichtbaren Gefässe stehen weit von einander und sind von dunkler, kirschrother Farbe. Eben so dunkle Ecchymosen gehören zu den pro vita ominösen Symptomen.

Unter den chronischen Haut-Exanthemen sind es vorzugsweise das *Ekzem* und *Impetigo* des Gesichtes, seltner die *Psoriasis,* in deren Verlaufe die Conjunctiva lebhaft hyperämisch wird und catarrhalisch secernirt, der Conjunctivalüberzug der Cornea unter Neubildung von circumscripten vascularisirten Infiltraten abgestossen wird, um entweder oberflächliche Geschwüre zurückzulassen oder sich schnell zu regeneriren (Pannus scrophulosus). Für die Abhängigkeit des Conjunctivalleidens spricht, dass mit der Heilung des Exanthems das Auge ohne weitere locale Behandlung zu gesunden pflegt. — Zu den grossen Seltenheiten, deren Wesen erst in neuester Zeit richtig verstanden zu sein scheint, gehört die eigenthümliche Entzündung der Bindehaut, die früher von v. Graefe als essentielle Phthisis oder Schrumpfung beschrieben, heute als *Pemphigus conjunctivae* ihren Platz unter den Bindehautkrankheiten gefunden hat. Zwei vollkommen gleiche Fälle, die ich beobachtet habe, stimmen in allem Wesentlichen mit den vereinzelten Beschreibungen anderer Autoren überein; als ich die Kranken sah, war bei dem Einen das untere Augenlid mit dem Augapfel bis zum Cornealrande vollständig und untrennbar verwachsen, auf der Conjunctiva bulbi wechselten einige infiltrirte rothe Stellen mit seichten Excoriationen, seit vielen Jahren bestand ein schmerzhaftes Leiden der Mund- und Kehlkopfschleimhaut, das von dem behandelnden Specialisten für Pemphigus erklärt war, im anderen Falle waren ebenfalls schmerzhafte Geschwüre im Munde und Rachen vorhergegangen, im Limbus conjunctivae erhoben sich kleine Bläschen, die bald platzten und zu Verwachsungen mit der gegenüberliegenden excoriirten C. tarsi führten, an anderen Stellen bestanden solche Verwachsungen, die sich, wie adhärirende Narben, excidiren und durch Ueberpflanzung benachbarter Schleimhaut heilen liessen. Man würde aus dem Aussehen des Auges die Diagnose nicht stellen, wenn nicht in allen bisher beobachteten Fällen Pemphigus der Haut oder Schleimhaut vorhergegangen wäre, aber das ganz allein stehende Krankheitsbild rechtfertigt wohl die Annahme eines causalen Zusammenhanges zwischen ihm und seinem constanten Begleiter. — Die *Lepra* befällt nach den Angaben der Autoren die Conjunctiva in zwei Formen: die eine stellt sich als eine unmittelbar unter dem Epithel der Cornea von der Peripherie nach dem Centrum fortschreitende vascularisirte Trübung dar (Pannus leprosus), die andere charakterisirt sich als Neubildung gelbrother oder weisslicher Knoten im Limbus, die nicht ulceriren, aber sich allmählich so weit über die ganze Oberfläche verbreiten können, dass schliesslich von einer transparenten Hornhaut nichts mehr übrig bleibt. Die zweite Form ist unbedingt charakteristisch, die erste scheint es weniger zu sein, wenn nicht die Combination mit Lepra der Augenlider oder der Iris die Diagnose sichert.

Ehe wir mit dem Verhalten der Conjunctiva gegen constitutionelle Krankheiten dieses Kapitel schliessen, soll noch einiger unter sich zusammenhangloser Veränderungen gedacht werden, durch deren Vorhan-

10. Der Thränenapparat und die Conjunctiva. 127

densein unserem Examen eine Richtung gegeben werden kann. Bekannt ist, dass wir gerade in der gelben Farbe der Conjunctiva, die sich gegen den weissen Hintergrund der Sclera am lebhaftesten abhebt, die ersten Andeutungen von *Icterus* zu finden pflegen. Grössere diffuse Extravasate kommen bei *schwerem Erbrechen*, bei der *Tussis convulsiva*, bei *Epilepsie* zur Beobachtung (nach Foerster sollen über Nacht entstandene Extravasate bei Kranken, die sich, ohne schwer gehustet oder erbrochen zu haben, abgeschlagen fühlen, auf einen nocturnen epileptischen Anfall hinweisen), — kleinere, sich oft wiederholende Apoplexien der C. bulbi bei alten Leuten kommen aus atheromatösen Gefässen und sind nicht selten Vorboten von *Gehirnblutungen*. — Hartnäckige Hyperämie der Conjunctiva tarsi mit unbedeutender Schwellung der Uebergangsfalte, leichter Röthung der C. bulbi, vermehrtem Thränensecrete, Empfindlichkeit gegen künstliches Licht und dem lästigen Gefühl von Hitze, Brennen, Reihen kann unter Umständen jeder adstringirenden oder caustischen Therapie spotten, durch alle localen Mittel sogar verschlimmert werden. Man soll sich in solchen Fällen daran erinnern, dass dergleichen Zustände ausser durch Schädlichkeiten, die im Lebensberufe und den Lebensgewohnheiten liegen, auch durch ferner liegende Ursachen unterhalten werden können, mit deren Beseitigung sie schwinden: chronische Nasen- und Lungencatarrhe verdienen namentlich bei Potatoren Berücksichtigung, bei Anderen ist es Plethora abdominalis mit Congestionen nach dem Kopfe, gleiche Klagen in Verbindung mit den bekannten Symptomen der Asthenopie bekommt man nicht selten von Masturbanten zu hören. Die mit anderen sicheren Erscheinungen auftretende Hyperaemia cerebri kann wohl eine lebhafte Injection kleiner, gewöhnlich nicht sichtbarer Gefässe der C. bulbi zur Folge haben, aber aus dem Fehlen der Röthung darf nichts geschlossen werden; denn tiefe Hyperämie verträgt sich sehr wohl mit oberflächlicher Anämie.

Unter *den constitutionellen Krankheiten* gibt es nur wenige, die sich in der Conjunctiva makroskopisch erkennbar localisiren. Ob man von einer *Tuberculosis conjunctivae* als einem Theile allgemeiner Tuberculose sprechen darf, weiss ich nicht. Es ist mir nicht bekannt, ob schon einzelne Beobachtungen der Art vorliegen, aber sicher kommen tuberculöse Geschwüre, die sich ohne Recidiv exstirpiren lassen und leicht heilen, bei sonst scheinbar gesunden Menschen vor. Einige Fälle aus unserem klinischen Krankheitsmaterial hat Prof. Baumgarten genau untersucht und beschrieben. Die Geschwüre treten vereinzelt auf bald auf dem Tarsus, bald im Uebergangstheile und der Conjunctiva bulbi, sind kraterförmig, haben aufgeworfene, unregelmässige, unterminirte Ränder, auf dem graurothen Grunde erheben sich schlaffe knopfförmige Granulationen, die durch tief gehende Rinnen von einander getrennt sind, das spärliche Secret ist cohärenter Eiter, der ganze Krankheitsheerd, der an die Ulcera elevata erinnert, und die nächste Umgebung ist lebhaft dunkelroth injicirt. Mitunter finden sich auf dem Grunde, mitunter in der Umgebung mattgraue stecknadelkopfgrosse runde Einlagerungen, die durch ihr Aussehen an das erste Auftreten der Impftuberkel in der Iris erinnern. Die mikroskopische Untersuchung ergab die damals allein charakteristischen Charaktere des Tuberkels: Riesenzellen und Verkäsung. Die Diagnose hat deshalb keine grossen Schwierigkeiten, weil ausser gewissen sehr seltenen syphilitischen und vielleicht noch lupösen Producten keine ähnlichen Formationen in der kranken Conjunctiva vorkommen; eine sichere Entscheidung zwischen diesen kann nur das Mikroskop ergeben.

Ob die der Tuberculose nahe verwandte *Scrophulose* in besonderer Form auf der Conjunctiva sichtbar werde, darüber kann man meiner Meinung nach nicht zweifelhaft sein, so sehr sich auch manche namhafte Autoren dagegen sträuben. Nur muss man die Frage nicht damit entscheiden wollen, dass man einzelne Symptome isolirt und dann untersucht, ob sie nur bei Scrophulösen oder auch bei anderen Kranken, resp. bei Gesunden angetroffen werden. Auf diesem Wege erfährt man nur, ob es einzelne *pathognomonische* Symptome gibt, aber nicht, ob die Conjunctiva der Scrophulösen relativ oft erkrankt, und ob die wesentlichsten Erscheinungen der Krankheit sehr viel häufiger bei Scrophulösen, als bei Anderen, zur Beobachtung kommen. Wählen wir die letzte Fragestellung, so lehrt die tägliche Erfahrung: 1. dass wir in verschiedenen Lebensaltern bei Kranken, welche Symptome florider oder überwundener Scrophulose in der Haut, den Schleimhäuten, Drüsen, Knochen und Gelenken zeigen, gleichzeitig Narben der oben genannten scrophulösen Hornhautentzündungen, die zum grossen Theile dem oberflächlichen conjunctivalen Theile der Cornea angehören, vorfinden; 2. dass diese Hornhautentzündungen dieselben sind, die höchst ausnahmsweise im Gefolge diffuser Conjunctivitiden auftreten, sehr häufig aber mit den circumscripten phlyctänulären Processen in der Conjunctiva zusammentreffen; 3. dass von allen acut scrophulösen Kindern ein grosser Theil photophobisch ist, wie schon die Alten bemerkt hatten, und dass wir beim Oeffnen der Lider viel Thränen und kein eitriges Secret, die Conjunctiva tarsi und den Uebergangstheil stark hyperämisch und wenig geschwellt, die Conjunctiva bulbi lebhaft injicirt, im Limbus vereinzelte oder multiple Phlyctänen, mitunter auch eine grössere Phlyctäne in grösserer Entfernung vom Cornealrande und ausserdem die oben beschriebenen Infiltrate finden; 4. dass solche Kinder

10. Der Thränenapparat und die Conjunctiva.

nur sehr ausnahmsweise an Blennorrhoe, Croup, Diphtheritis oder C. granulosa leiden. Ferner treffen wir im kindlichen Alter sehr viel häufiger, als später und als im ersten Lebensjahre, die bekannte phlyctänuläre Conjunctivitis (circumscripte Injection, circumscripte vesikelartige oder pustulöse oder nodose Exsudation) in zwei Formen, entweder in der torpiden ohne alle subjectiven Symptome oder in der so genannten eretischen mit Lichtscheu, Blepharospasmus und Schmerz. Bei einem grossen Theile dieser Kinder sind handgreifliche Symptome von Scrophulose nachweisbar.

Ich resumire: Unter auffallend starker Lichtscheu mit Lidkrampf und Thränenhypersecretion ohne schleimeitriges oder eitriges Secret bricht in den Lebensjahren, die vorzugsweise zur Eruption scrophulöser Producte prädisponiren, eine Entzündung der Conjunctiva aus, welche sich entweder durch einzelne grosse Phlyctänen in der Conjunctiva bulbi oder durch multiple kleine im Limbus (letztere gewöhnlich gleichzeitig mit Keratitis scrophulosa superficialis) charakterisirt, diese Entzündung ist in späteren Lebensjahren äusserst selten, bei scrophulösen Kindern sehr viel häufiger, als bei gesunden, während alle anderen Conjunctivitiden weder im Kindesalter, noch gerade bei scrophulösen Kindern besonders häufig sind. Darf man unter solchen Umständen Anstand nehmen, an einem Zusammenhange zwischen der Scrophulose und der plyctänulären Conjunctivitis festzuhalten? Unter diesem Namen nämlich kann man alle circumscripten Entzündungen von einer bestimmten Form, gleichviel ob sie Vesikeln, Pusteln oder Knoten setzen, gleichviel ob ihre Producte solitär oder multipel auftreten, zusammenfassen.

Es gibt also eine C. scrophulosa, und Arlt hat vollkommen Recht, wenn er einen Krankheitsprocess, der mit einem reitenden Geschwür des Corneoscleralrandes unscheinbar anfängt und mit Total-Staphylom oder Phthisis bulbi endet, als C. scrophulosa bezeichnet, wenn sein Endausgang auch auf den ersten Blick an nichts weniger, als an eine einfache Conjunctivalphlyctäne, erinnert. Es kommen einzelne Phlyctänen bei sonst gesunden Kranken jedes Alters vor, sie finden sich zugleich mit Blennorrhoe und mit C. granulosa, aber dadurch wird die Berechtigung der C. scrophulosa nicht im Mindesten erschüttert.

Vor einigen Verwechslungen ist noch zu warnen: die wasserklaren, meist reihenförmig angeordneten kleinen Lymphectasien der C. bulbi haben mit unserer Krankheit nichts zu thun und eben so wenig der Herpes corneae trotz Blase, Lichtscheu und Lidkrampf. Warum man die wirklichen Phlyctänen als Eczema conjunctivae gelten lassen will, ist nicht abzusehen. Das relativ häufige Zusammentreffen mit Eczem der Haut kann nicht den Ausschlag geben; denn beides, Haut- und Schleimhautleiden, steht auf scrophulöser Basis, ohne dadurch identisch zu werden. Man möge doch nicht vergessen, wie oft C. scrophulosa ohne Gesichtseczem vorkommt! — Auf die Schwierigkeit, Scrophulose und *Syphilis hereditaria* zu unterscheiden, die uns bei den Krankheiten der Cornea, des Thränensacks, der Orbita etc. nicht selten begegnet, stossen wir bei den Conjunctivalkrankheiten nicht leicht. Trotz der relativen Häufigkeit der Coryza syphilitica scheint die benachbarte Conjunctiva frei zu bleiben, eine syphilitische Blennorrhoe oder einen syphilitischen Catarrh, die sich durch irgend welche Symptome als solche charakterisirten, kennen wir nicht. Uebertragungen von weichem Chanker durch die Lippen, Zunge, Finger kommen aus nahe liegenden Gründen an der Oberfläche und dem freien Rande der Lider leichter zu Stande, mitunter schienen mir breite, zerfallene Pusteln der Conjunctiva bulbi durch ihre Hartnäckigkeit und die Härte der Ränder verdächtig, ohne dass es mir gelang, den Beweis zu erbringen. Nur von einem Ulcus elevatum der inneren Fläche des oberen Augenlides bei einer constitutionell Syphilitischen, das in seinem Aussehen am meisten einem nach innen perforirten Chalazion glich und während einer Schmierkur ohne örtliche Behandlung heilte, möchte ich auch jetzt noch annehmen, dass es syphilitischen Ursprunges gewesen. Die deutschen Autoren über Syphilis und Hautkrankheiten wissen aus eigener Beobachtung von syphilitischen Bindehautkrankheiten wenig mitzutheilen, die Ophthalmologen ebenso; nur von den Franzosen erfahren wir etwas mehr, aber nicht viel Charakteristisches. Im Allgemeinen werden zwar isolirte Ulcerationen der Bindehaut schon ihrer grossen Seltenheit wegen an Lues denken lassen, aber es wird nicht immer möglich sein, aus der Beschaffenheit des Geschwürs allein zwischen Lupus und Syphilis zu unterscheiden, während das tuberculöse Geschwür bei dem heutigen Stande der mikroskopischen Untersuchung einer Verwechslung nicht mehr ausgesetzt sein dürfte. —

Als den Ausdruck des *Marasmus* kennen wir eine hochgradige Brüchigkeit der Bindehaut mit Zerreissbarkeit der Gefässe. Jedem Operateur, der die Fixirpincette braucht, ist sie oft genug in hohem Alter begegnet. Unabhängig vom Alter, aber, wie es scheint, bedingt durch eine tief darniederliegende allgemeine Ernährung ist die partielle Trockenheit (*Xerosis*) mit schillerndem, asbestartigem Aussehen, die wir bei der oben besprochenen, sogenannten Encephalitis infantum und bei der idiopathischen Hemeralopie finden. —

Die schweren, für das Auge gefährlichsten diffusen Krankheiten der Bindehaut entstehen unter Mitwirkung von Mikroorganismen durch Secret-Uebertragung, nur die Diphtheritis kann in einzelnen Fällen Theil eines Allgemeinleidens (Diphtheritis, Scharlach) sein. Die circumscripten Entzündungen der C. bulbi entwickeln sich meist unter dem Einfluss allgemeiner Scrophulose, von fieberhaften Krankheiten unter dem der Variola und des Nachstadiums der Masern.

Der acute Catarrh begleitet die Variola, die Masern und den Scharlach, Entzündungen und Catarrhe der Nasen- und Bronchialschleimhaut, der chronische Catarrh und die Hyperämie kann durch Congestionen nach Kopf und Gesicht bei Plethora abdominalis, durch seröse Stauungen in den Respirations- und Circulationsorganen, durch nervöse Ueberreizung (Lactatio nimia, Masturbatio) unterhalten werden.

Von den Hautausschlägen im Gesichte tritt Eczem, Impetigo, oft auch Psoriasis mit acutem Conjunctival-Catarrh auf, Lepra, Lupus, Pemphigus setzen Schleimhautveränderungen, die der Form nach mit den für das Grundleiden charakteristischen Producten identisch oder sehr nahe verwandt sind.

Die Syphilis scheint nur durch directe Uebertragung zu Ulcerationen zu führen, das tuberculöse Geschwür ist sicher beobachtet, sein Verhältniss zur Tuberculose der Drüsen, Lungen, Gelenke etc. noch unbekannt.

11. Die Augenlider.

Stellung und Bewegung der Augenlider haben mehr Beziehung zu dem mimischen Gesichtsausdrucke, als zu pathologischen Zuständen. Eine auffallende blasse, sackartige Geschwulst der unteren, durch loses Zellgewebe vom M. orbicularis getrennten Lidhaut ist ein frühes Zeichen der *Anasarca*, blasse Geschwulst beider Lider ein Initial-Symptom der *Trichinose*, eine diffuse oder fleckweise bräunliche Farbe, die von dem hellgelben, ätiologisch noch unbestimmten Xanthelasma leicht zu unterscheiden ist, lässt an *Gravidität* denken.

Von den Bewegungsanomalien haben wir die *Ptosis* bei den Muskelkrankheiten, v. Graefe's Symptom des *M. Basedowii* bei den Krankheiten der Orbita besprochen, des *Lagophthalmus paralyticus* ist bei den Lähmungen des Facialis Erwähnung geschehen. —

Unter den Krämpfen finden wir den tonischen *Blepharospasmus* als Reflexkrampf zunächst bei verschiedenen Krankheiten des Auges: als dauernder Folgezustand nach plötzlichen Blendungen zeigt er uns eine Ueberreizung des Licht empfindenden Apparates an, — durch das Eindringen fremder Körper in den Conjunctivalsack entstanden, wird er zum Ausdruck für die Verletzung der ciliaren Endäste des Trigeminus, wie er die scrophulöse Keratitis, die Cyclitis als ein sicheres Zeichen von Reizung der sensiblen Ciliarnerven in entzündetem Gewebe begleitet. Zu Neuralgien der Gesichtsäste des Trigeminus sich gesellend, bietet er bei der grossen Verbreitungsfähigkeit der Schmerzen für die locale Diagnose erhebliche Schwierigkeiten, wenn es nicht gelingt, die Stelle aufzufinden, durch deren Compression der Krampf, wie durch einen Zauberschlag, gelöst wird. Klassisch ist der von v. Graefe beschriebene Fall von stumpfer Verletzung der Stirngegend, in dem der Blepharospasmus durch Neurotomie des N. supraorbitalis geheilt wurde, ein zweiter ähnlicher (beide im Archiv beschrieben) und ein dritter nicht traumatischer, der durch Neurotomie des N. subcutaneus malae geheilt wurde. Auch ohne Gesichts-Neuralgien, ohne Trauma, ohne Blendung, mit und ohne Hyperaesthesia retinae kommt ein hysterischer Blepharospasmus vor, der, so viel ich weiss, oft genug ohne Behandlung des Uterus geheilt ist. Nach anhaltenden Gemüthsbewegungen, vielem Weinen, langem Aufenthalte in dunkeln Krankenzimmern habe ich die Lider krampfhaft geschlossen gefunden. *Klonische Krämpfe* bei anämischen Kindern, denen sich bald die benachbarten und später entfernt liegende Muskeln anschliessen, können das Krankheitsbild der Chorea minor einleiten. Sie sind leicht zu unterscheiden von den meist auf den unteren Tarsaltheil des Muskels beschränkten *fibrillären Zuckungen,* die weder einen hohen Grad erreichen, noch sich mit anderen Muskeln associiren, die Lidspalte nicht verengern, der Haut das Aussehen einer vorübergehenden, leicht gekräuselten Wellenbewegung geben, trotz ihrer Geringfügigkeit aber die Kranken in hohem Grade zu beunruhigen pflegen. Mir ist es erschienen, als ob langes Wachen, Weinen, anhaltendes Accommodiren zu den häufigen Ursachen gehören. In einem Falle folgten Muskelparesen von kurzer Dauer, zum Schluss Dementia paralytica. —

Im Verlaufe fieberhafter Krankheiten sehen wir die Lider meist halb geschlossen, schlaff herabhängend, den Lidschlag vermindert, im somnolenten Stadium bleibt die Lidspalte etwas geöffnet, während der Augapfel sich nach oben innen stellt, gleichviel ob wir es mit einem Typhus, Scharlach, einer schweren Pneumonie zu thun haben. Nicht die Krankheit, nur der Grad der Somnolenz ist bestimmend. Abweichungen verschiedener Art zeigen die meningitischen Processe, je nachdem es sich um irritative oder paralytische Stadien handelt: der Lidschlag kann vermehrt und vermindert, das obere Lid spastisch geschlossen sein oder schlaff herabhängen, ganz abgesehen von den oben besprochenen, ödematösen und entzündlichen Infiltrationen bei der metastatischen Meningitis, der Sinus-Thrombose u. s. w. Nur wenige acute Krankheiten zeichnen sich durch charakteristische Veränderungen an den Lidern aus: bei der *Variola* finden wir die Haut der Lider oft mit kleinen Ecchymosen bedeckt, bei der V. haemorrhagica sogar diffus blutig suffundirt, die C. bulbi in einen dunkelrothen, über die Cornea hängenden Sack verwandelt. Kommt es zur Eruption von Pocken auf der Lidhaut, so bildet sich bald ein acutes Oedem aus, die Lidspalte kann nicht mehr geöffnet werden, die Conjunctiva kann blennorrhoisch secerniren und die Cornea mit Ulceration und Perforation bedrohen. In anderen Fällen wird die äussere Commissur durch das Secret des nie fehlenden Catarrhs oberflächlich arrodirt, der Substanzverlust bekommt einen gelben, diphtheritischen Belag, der sich allmählich über die äussere und innere Lidkante verbreitet und schliesslich auch den intermarginalen Theil bedeckt. Wird die Wundfläche nicht diphtheritisch, so zeigen die Lidkanten eine des Epidermisüberzuges beraubte rothe, leicht blutende Oberfläche. In beiden Fällen erkrankt von der äusseren Kante aus der Wimperboden, von der inneren die Meibomschen Drüsen; Trichiasis, Dystichiasis, Meibomitis, Abscesse und Furunkel werden die Endausgänge des variolösen Processes. In geringerer Ausbreitung und weniger tief greifend zeigen sich die letztgenannten Veränderungen als Folgezustände der *Masern*. — In anderer Weise wird das Auge von den Lidern aus durch die *Cholera* bedroht. Die grosse Erschlaffung des M. orbicularis, unterstützt durch den Schwund des Orbitalfettes, lässt die Augenlider mit ihren convexen Rändern hintenüber fallen, dadurch kommen die freien Lidränder auch im Schlafe nicht zur Berührung, ein Theil der unteren Sclera mit angrenzender Cornea bleibt unbedeckt, die Cornea trocknet ein, kann abgestossen werden, das so entstandene Geschwür kann perforiren, adhärirende Leucome, Staphylome etc. sind die schliesslichen Folgen des unvollkommenen Verschlusses durch die Augenlider.

Die Theilnahme der Augenlider an den Entzündungen der Gesichtshaut, an den Hypertrophien und Atrophien, den Neubildungen, den parasitären Krankheiten etc. kann füglich übergangen werden, da sie in den Compendien über Hautkrankheiten und neuerdings in den von Michel bearbeiteten Krankheiten der Augenlider (Graefe-Saemisch) in extenso beschrieben worden ist. Wir würden nicht die Beziehungen der Lid- zu den Hautkrankheiten, sondern die Hautkrankheiten selbst zu bearbeiten haben. Dazu ist diese Schrift nicht der rechte Ort, ihr Verfasser nicht der rechte Mann. Aber eine Berührung mit dem Gebiete der Hautkrankheiten ist nicht zu vermeiden, wenn wir uns die Frage, die wir für alle anderen Theile des Auges beantwortet haben, auch für die Augenlider vorlegen, ob und in wie fern dieselben unter dem Einflusse constitutioneller Anomalien erkranken. In Bezug auf die *Scrophulose* sind die Schulen der Dermatologen nicht gleicher Ansicht; wo die Einen Producte äusserer Reize sehen, glauben die Anderen den Einfluss schlechter allgemeiner Ernährung nachweisen zu können. Die Entscheidung des Streites werden wir den Fachmännern überlassen, aber was die Augenlider speciell anbetrifft, dürfen wir unser Urtheil dahin abgeben, dass wir bei der Mehrzahl der Scrophulösen Entzündungen der Lidränder mit ihren Folgen finden, und umgekehrt, dass die meisten Entzündungen der Lidränder mit Symptomen von Scrophulose in anderen Organen zusammentreffen, wobei die angrenzende Gesichtshaut eben so wohl Theil nehmen, als auch völlig normal sein kann. Ueber die Entzündungen der Meibomschen Drüsen, die ausserordentlich häufig durch äussere Schädlichkeiten bedingt sind, mögen die Anschauungen differiren; denn es ist gar zu schwer, aus einem so grossen Material die Fälle, für welche sich jede äussere Ursache mit Sicherheit excludiren lässt, nachzuweisen, für die chronische ulceröse Blepharadenitis aber scheint mir die Annahme einer scrophulösen Basis unabweisbar. Ich kenne keine äussere Ursache, die ihrem häufigen Auftreten gemeinschaftlich wäre, kein Allgemeinleiden und kein Augenleiden, das sie gewöhnlich begleitete, mit Ausschluss der Thränensackeiterungen, deren Entstehung aus einer scrophulösen Entzündung der Nasenknochen und ihres Periosts resp. ihrer Schleimhaut gerade für die Annahme einer scrophulösen Lidentzündung sprechen dürfte. Ueber die diffuse Entzündung des Tarsus, die Hordeola, die meist den äusseren Augenwinkel einhaltenden Abscesse mag man mithin getheilter Ansicht sein, so wenig ich auch eine solche für berechtigt halte, aber dass die chronische Verschwärung des Wimperbodens der Regel nach ein Symptom allgemeiner Scrophulose sei, wird sich kaum mit guten Gründen bestreiten lassen. —

Die *syphilitischen* Erkrankungen der Augenlider fehlen in keinem Compendium über Syphilis, treten aber gegen die charakteristischen Symptome an anderen Körperstellen sehr in den Hintergrund. Weder mit den hereditären und congenitalen Veränderungen der Gesichtshaut, Schleimhaut und Knochen, noch mit den constitutionellen der Cornea, Iris, Chorioidea, Retina halten sie in Bezug auf Häufigkeit und Charakteristik den Vergleich aus. Erfahrene Beobachter können sich nur auf die Angaben anderer, namentlich französischer und englischer Autoren beziehen, die sie aus eigenem Material nur um wenige, nicht immer gegen jede Anfechtung sichere, exceptionelle Fälle zu vermehren wissen.

11. Die Augenlider.

So wird das seltene congenitale Vorkommen von diffusen Verdickungen oder Ulcerationen der freien Lidränder als syphilitisch angesehen, so scheinen die oben angedeuteten aufgebrochenen Chalazien ähnliche Ulcera elevata der oberen tarsalen Conjunctivalfläche und vielleicht häufiger noch acute, diffuse Anschwellungen und Verdickungen des ganzen Lidknorpels als Zeichen von constitutioneller Syphilis mit anderen charakteristischeren Symptomen gleichzeitig beobachtet zu sein. In einer Entstehungsart aber, darin stimmen Alle überein, ist die Syphilis der Augenlider nicht übermässig selten und der Diagnose einigermaassen zugänglich, nämlich in der Entstehung durch unmittelbare Fortpflanzung oder directe Secret-Uebertragung. In die erste Kategorie gehören die weit verbreiteten Ulcerationen der Gesichtshaut, die von der Stirn und Nase ausgehend die Lidhaut mit ergreifen und im Vernarbungsstadium die freien Lidränder bis an den Margo supraorbitalis und infraorbitalis heranziehen können, in die zweite Kategorie die circumscripten Geschwüre an den Rändern und ihrer nächsten Umgebung, die sehr viel seltener durch Berührung mit den Genitalien, als durch Küsse, durch den Finger des Arztes, der Hebamme oder des Kranken selbst, durch inficirten Speichel behufs Entfernung angesammelten Secretes, durch Schwämme, Wäsche u. dgl. m. übertragen werden. Beide Formen, der weiche sowohl, als der indurirte Schanker sind in dieser Gruppe vertreten, die Seltenheit circumscripter, in die Haut ausstrahlender Geschwüre an den Lidrändern, die Anschwellung einer präauricularen Drüse, ein genaues Examen des Kranken, des Wartepersonals, der Verbands-Utensilien führt zur Diagnose, die kurze Zeit zwischen einer lupösen, carcinomatösen und syphilitischen Ulceration schwanken kann, ehe der Verlauf entscheidet.

Von selteneren Infectionen ist noch zu erwähnen die durch *Milzbrand* (Karbunkel der Regio supraorbitalis, der Augenlider oder angrenzenden Wange) mit Ausgang in brandige Zerstörung der Haut, Ectropion, Lagophthalmos, consecutive Ulceration der Cornea, die *durch Rotz* (Erysipelas mit Metastasen im Auge und in der Orbita), mit meist tödtlichem Ausgange. Die *Lepra* charakterisirt sich durch Bildung von Knoten unter Verlust der Haare in der Augenbrauengegend, seltener im Wimperboden, in dem es entweder zur Geschwürsbildung mit Narben-Ectropium etc. oder zur Verdickung mit Schwund der Wimpern kommt. —

Die Augenlider zeichnen sich, wie die Conjunctiva, durch ihre relative Immunität gegen hereditäre, congenitale und constitutionelle Syphilis aus, ohne der directen Uebertragung und Fortpflanzung zu widerstehen. Beide haben in ihren Drüsen einen geeigneten Boden für die Ablagerung und Entwicklung scrophulöser Producte.

Zu Krankheiten des Centralnervensystems stehen sie durch die Paralysen und Spasmen des M. orbicularis, zu schweren Allgemeinkrankheiten durch die Abhängigkeit des Lidschlages von den Reflexvorgängen zwischen Trigeminus und Facialis und von dem Sensorium commune in Beziehung. Die Variola und die Morbillen verrathen sich in ihnen durch die Eigenart ihrer Producte, andere fieberhafte Krankheiten (Erysipelas, Scarlatina) durch die Intensität der Hautentzündung, die Cholera durch den ihr eigenthümlichen Collaps und die excessive Muskelschwäche, Milzbrand, Rotz, Lepra, die verschiedenen chronischen Exantheme der Gesichtshaut zeigen sich in den auch an anderen Theilen der Körperoberfläche für sie charakteristischen Formen.

Die lose Anheftung der Lidhaut an ihre Unterlagen leistet ihrer Anschwellung und der Ausbreitung farbloser und farbiger Substanzen Vorschub und macht sie dadurch für die Diagnose mancher allgemeiner oder entfernter Krankheitsprocesse besonders geeignet. —

12. Schluss.

Die Aufgabe, mit der wir uns in dieser kleinen Schrift beschäftigt haben, die Beziehungen zwischen Augenleiden und Körperkrankheiten **empirisch festzustellen**, ist kaum die volle Einleitung zur Lösung des grossen Problems, das unsere Fachwissenschaft allein nie bewältigen wird, des Problems, **den Zusammenhang der im Auge vorkommenden pathologischen Erscheinungen mit der Gesammtheit aller anderen Krankheiten zu begreifen.**

Noch fehlt, wenn wir die fieberhaften Krankheiten mit hineinziehen, viel daran, den Zustand und die Function unseres Sinnesorganes unter dem Einflusse allgemeiner Störungen so weit erkannt zu haben, dass wir die Grenze zwischen den physiologischen Folgen dieser Störungen und den pathologischen, die eine Erkrankung des Auges voraussetzen lassen, ziehen könnten, und nie wird es möglich sein, so weit zu gelangen, so lange unsere Untersuchungsmethoden an das freie Sensorium des Kranken appelliren müssen.

Aber auch auf dem engen Gebiete, auf das wir uns vorläufig beschränken, fehlt es noch an wichtigen Voruntersuchungen, z. B. an sta-

12. Schluss.

tistischen Angaben, wie oft irgend ein Augenleiden sich auf ein bestimmtes Grundleiden zurückführen lässt, und umgekehrt, wie oft an den verschiedenen Körperkrankheiten das Auge Theil nimmt. Diese nächste Aufgabe kann durch gemeinschaftliche Arbeit aller Kliniker gelöst werden, die Möglichkeit der Lösung ist bei dem heutigen Bildungszustande der Mediciner gegeben, etwaige Lücken im Wissen des Einzelnen würden sich durch gegenseitige Unterstützung leicht ausfüllen lassen.

Mit dieser Aufgabe Hand in Hand muss die Bestimmung der Krankheits-Formen gehen; denn es genügt natürlich nicht, die Ursache der Erkrankung im Allgemeinen festzustellen; genaue Schilderung der Krankheitserscheinungen, genaue Angaben über ihre Constanz sind nicht zu entbehren.

Der letzte Schritt, die Nothwendigkeit jeder Form aus ihrer Ursache abzuleiten, appellirt an Anatomie, Physiologie und Pathologie in gleichem Grade. Mit ihm wäre das Räthsel vom Zusammenhange der Krankheitserscheinungen gelöst, das scheinbar Zufällige als nothwendig erkannt.

Wenn wir uns dieses letzten Zieles auch stets bewusst sein und bleiben sollen, so wäre doch nichts verkehrter und hat sich für lange Zeiträume unserem wissenschaftlichen Fortschritte nichts störender erwiesen, als mit dem Ende anzufangen. Das dilettantische Antecipiren, die geistreich scheinende Speculation über tausend Möglichkeiten, ein Causalitäts-Verhältniss zwischen Krankheiten entfernter Organe, die vielleicht aus sehr verschiedenen Gründen gleichzeitig erkrankt waren, zu ermitteln, hat all die confusen Systeme, welche in der ersten Hälfte des Jahrhunderts unsere Wissenschaft beherrscht haben, mit erzeugen geholfen. Es liegt an uns, den alten Fehler zu vermeiden und auf dem Wege, den v. Graefe und seine Zeitgenossen uns gezeigt haben, vor allen Dingen das Thatsächliche ohne Voreingenommenheit festzustellen. Foerster's Abhandlung kann in dieser Beziehung Jedem ein Muster sein.

Aber noch bringt jedes Jahr neuen Zuwachs an Erfahrungen (ich erinnere nur an die kaum begonnene topographische Localisirung der Gehirnkrankheiten) und drückt damit auch der für ihre Zeit vollständigsten Uebersicht den Stempel der Lückenhaftigkeit auf. Deshalb können dergleichen Arbeiten nie einen grösseren Anspruch erheben, als den, das sicher Erworbene für die Gegenwart und die nächste Zukunft zusammengefasst zu haben.

Dass ich auch hinter diesem Ziele, namentlich was genaue Schilderung der Krankheitsbilder anbetrifft, zurückgeblieben bin, dessen bin ich mir wohl bewusst. Es lag zunächst nur in meiner Absicht, denjenigen, welche die Untersuchung des Auges bei jedem Kranken-Examen nicht für überflüssig halten, den Weg anzudeuten, auf welchem sie die zu Grunde liegenden allgemeinen oder Organ-Erkankungen zu suchen haben. Soll eine genaue, differentiell-diagnostische Beschreibung der Krankheitsbilder gegeben werden, so wird der knappe Rahmen, der diese Abhandlung einschliesst, erweitert werden müssen.

www.ingramcontent.com/pod-product-compliance
Lightning Source LLC
Chambersburg PA
CBHW022127160426
43197CB00009B/1179